一生使える

Amazon
輸入ビジネス
大全

決定版

Amazon
Import
Business
Compendium

Ryosuke Takeuchi

竹内亮介

●注意

(1) 本書は著者が独自に調査した結果を出版したものです。

(2) 本書は内容について万全を期して作成いたしましたが、万一、ご不審な点や誤り、記載漏れなどお気付きの点がありましたら、出版元まで書面にてご連絡ください。

(3) 本書の内容に関して運用した結果の影響については、上記(2)項にかかわらず責任を負いかねます。あらかじめご了承ください。

(4) 本書の全部または一部について、出版元から文書による承諾を得ずに複製することは禁じられています。

(5) 商標

本書に記載されている会社名、商品名などは一般に各社の商標または登録商標です。

　こんにちは、竹内亮介です。この度は本書を手に取っていただき、ありがとうございます。

　私は現在、Amazon輸入ビジネスで月収1000万円以上を毎月安定して稼いでいます。パソコン1台で、たった1人ででき、しかも1日1時間程度のスキマ作業で十分なので、「場所」「人」「時間」に縛られず、自由でストレスフリーな生活を送っています。

　そのため、いつでも海外旅行にいくこともできますし、目覚まし時計をかけずに、朝は眠気がなくなるまでぐっすり眠ることもできます。

　美味しいものを毎日食べることもできます。

　会社に出勤する必要もありませんので、満員電車に乗る必要もありません。

　Amazon輸入ビジネスのおかげで、好きな時に、好きな人と、好きな場所で、好きなだけ、好きなことができるという、愛とお金に恵まれた、とても充実した人生を送っています。

　　　　　＊　　　　　　＊　　　　　　＊

　とはいえ、今でこそ自分流の夢のような生活を送れるようになりましたが、私の人生は、Amazon輸入ビジネスを始める前まではドン底状態でした。

　何も隠すことはなく、私自身について少しお話させていただきます。

　私は大学在学中の2005年に、某お笑い芸人養成所を卒業した元芸人です。

　しかし、2007年の24歳の時に、薬で重度の副作用を負い、神経的な病気を患ってしまいました。

　当時、若くして闘病生活を余儀なくさせられ、病室では、「自分なんてなんの価値もない人間だ」とずっと思っていました。入院して手術もしましたが、

完治には至らず芸人を引退しました。

　その後は、すべての職を失い、夢も希望もなくなってしまい、絶望に陥り、ニート・無職・引きこもりのドン底状態になっていったのです。生きてるのか死んでるのかもわからない、地獄のような毎日をすごすようになりました。

　その頃、自分は「社会のゴミ」だと、本気で思っていましたし、周囲の友人や知人からも、そういわれていた時代もありました。

　お金がないので散髪にもいけない、読みたい本も1冊も買えない、ご飯も食べることができない、毎日同じスウェットを着て生活しているような、かなり悲惨な状況でした。

　生活保護をもらおうかと本気で考えていたほどで、自殺も考えるような毎日を送っていたのです。

　そんなドン底の中、横になって天井を見つめながら、「もう夢なんて見ていられない……」「就職をしなければ生きていけない……」「このままでは死んでしまう……」と強い不安が襲うようになってきました。

　そこで私は、最後の力を振り絞り、就職をするためにパソコンを勉強することにしたのです。

　パソコン音痴で、パソコン嫌い、パソコンの電源の入れ方すらわからなかった私でしたが、そこから少しずつ前に向かっていきました。

　そして、なんとかしてこの現実を脱したいと思い、パソコンを勉強していくうちに、インターネットビジネスの存在を知ったのです。

　私自身、「生活するお金さえあれば、就職して奴隷のように働きたくない」と常々思っていましたので、自分でお金を稼ぐことに、この上なく魅力を感じました。

　そこで私は、インターネットビジネスの中でも難しいスキルや知識がほとんど必要のない「転売」、その中でもめんどくさい作業が少なく、結果を出している人が多い、再現性のある「Amazon輸入ビジネス」を実践することに決めたのです。

＊　　　　　＊　　　　　＊

　この決断が、私の人生を大きく変化させました。

　資金ゼロ、持っている服もボロボロのスウェット1着のみという、まさにドン底状態から、実家の1室を借り、再起を果たそうと誓ったのです。

　正直、最初の半年間くらいは月収10万円にも満たない地道な作業でしたが、試行錯誤を繰り返しながら、Amazon輸入に1点集中でのめり込みました。

　生きるために、実践を続けたのです。

　その結果、自分なりの独自ノウハウが確立し、1年後には月収100万円、2年後には月収200万円と収入を大きく伸ばすことができました。

　少し前が嘘のような生活の変化で、私自身が一番驚いています。

　このような経緯から、私はAmazon輸入ビジネスの成功体験を元に、現在はコンサルティング活動を通じて、個人の方の独立起業もサポートさせていただいております。

　クライアントからは、「竹内さんのおかげで稼げるようになりました」と感謝の言葉をいただけるようにもなりました。

　少し前のドン底状態を思い出すと、考えられないようなことが起こっており、時に1人で涙を流す時もあります。

　まさに、「夢のような人生」をAmazon輸入ビジネスがもたらしてくれたのです。

＊　　　　　＊　　　　　＊

　私のクライアントには、「インターネットで稼ぐことなんて本当にできるの？」「Amazon輸入って何？」という、初心者の方もいらっしゃいます。

　もちろん、「頑張っているけどなかなか結果が出せない」「輸入転売をしているけど作業が多い割に稼げない」「実践しているけど収入が安定しない」

という、すでに実践しているけれど思うような結果が出ていない方もいらっしゃいます。

　さらには、「稼げているけど、作業が多くてなかなか自由になれない」という、すでに月収200万円近くまで稼いでいる方までいらっしゃいます。

　本書を手に取ってくださった方も、それぞれ状況やレベルが違うと思いますが、きっと上記のような疑問や悩みを抱いているのではないでしょうか？

　そうした悩みや疑問に答えるために、本書では、レベルごとの章立てをしました。

　「Amazon輸入って何？」という初心者の方は、第1章から順番に読んでいってください。

　「頑張っているけどなかなか結果が出せない」という中級者の方は、ご自分のレベルに合わせて、途中の章から読み始めていただいても構いません。

　あなたが現在、どの段階にいようとも、この本が読み終わる頃には、「次に取り組むべき1歩」が明確になっているはずです。

　遠回りしないように、次のステップに進むべき時や、自分の行動に行きづまりを感じた時には、本書を見直していただければ幸いに思います。

　私が現在1日1時間程度で月収1000万円を稼いでいるAmazon輸入ビジネスの独自ノウハウをこの1冊にまとめました。

　また、クライアントから1人100万円のコンサルティング費用をいただいて教えているノウハウも本書の内容に入っていますので、あなたのお役に立てる自信があります。

＊　　　　　＊　　　　　＊

「ゼロから副収入を得たい！」
「自分でお金を稼いで自由になりたい！」
「もっと大きく稼ぎ、会社をやめて独立したい！」
「セミリタイアしたい！」

もしあなたに、このような願望があるならば、本書は最適な本だと確信しています。

時間が限られている主婦の方、収入を増やしたいサラリーマンの方、独立志望の方、とにかく稼ぎたい方など、本書を読んでいただければ、遠回りせずステップアップしながら、最短でAmazon輸入で月収1000万円を稼ぐ方法が理解できます。

私自身がそうであったように、もしもあなたが今、インターネットビジネスで稼ぎたい場合、まずは、めんどくさい作業の少ない「Amazon輸入」に取り組むことをお勧めします。

このビジネスは、特別なスキルもいらず、リスクもなく、超堅実に稼げるビジネスです。私はこのようなビジネスを他に知りません。

Amazonを使ってPC1台で稼ぎ、私のような自由な生活をしたい方は、ぜひ本書を手に取って実践していただければと思います。

私がドン底から這い上がったように、Amazon輸入ビジネスは、「誰にでもチャンスがある！」ということを皆さんに伝えたくて、この本を書かかせていただきました。

私が1日1時間で月収1000万円を稼いでいるのは、既存の転売ノウハウにはない「ある方法」を実践しているからです。

しかも、この方法は、為替も関係なく、安定して、長期的に稼げる方法です。

Amazon輸入ビジネスで、ストレスなく、人間らしく豊かに暮らせる人が増えれば、著者としてこれほど嬉しいことはありません。

2025年1月

竹内亮介

※本書は『いちばん儲かる！Amazon輸入ビジネスの極意［第2版］』の内容を増補改訂し改題したものです。

はじめに——3

CHAPTER 1 Amazon輸入ビジネスの9のメリット

1 シンプルで手堅く、リスクが限りなく低い……14
2 伸び続けるAmazonを利用できる……18
3 めんどくさい作業は必要ない……22
4 物流を外注でき、効率良く稼げる……24
5 語学は必要ない……28
6 クレジットカードを使えば現金ゼロからでもスタートできる……33
7 円安でも稼げる……37
8 すべての作業をパソコン1台でできる……42
9 他にもあるAmazon輸入のメリット……44

CHAPTER 2 月収3万円稼ぐための14ステップ

1 始める前に用意するもの……48
2 Amazon輸入の全体の流れを理解しよう……50

3	出品アカウントを作成しよう	52
4	仕入れアカウントを作成しよう	74
5	商品リサーチを始めよう	83
6	輸入品を探そう	86
7	売れているか調べよう	95
8	ライバルの数をチェックしよう	121
9	日米で同一商品を探そう	128
10	Amazonアメリカで商品を仕入れよう	131
11	利益が出るか確認しよう	136
12	リサーチ作業を効率化しよう	149
13	Amazonマーケットプレイスに商品を出品しよう	151
14	真贋調査の対策をしよう	167

CHAPTER 3 月収10万円稼ぐための11ステップ

1	転送会社を使ってまとめて仕入れよう	176
2	転送会社を使った場合の利益計算をしよう	179
3	スピードを意識しよう	183
4	セラーリサーチを効率的にやろう	186
5	Amazonベストセラー商品ランキングを理解しよう	197
6	ショッピングカートを獲得しよう	203
7	セラーセントラルを活用しよう	210
8	1つの儲かる商品で満足せず、派生リサーチをしよう	214
9	Amazonで実際に仕入れて稼ごう①	216
10	Amazonで実際に仕入れて稼ごう②	226
11	納品代行業者を使おう	237

CHAPTER 4 月収30万円稼ぐための6ステップ

1　安く仕入れできるタイミングを逃さないようにしよう ……………… 242
2　5日間で32個売って8万円稼いだ商品を公開 …………………………… 249
3　リピート仕入れをしよう ……………………………………………………… 259
4　全世界のAmazonをリサーチしよう ………………………………………… 260
5　世界最大のオークションサイト「eBay」から仕入れよう …………… 263
6　eBayで実際に仕入れよう ……………………………………………………… 272

CHAPTER 5 月収50万円稼ぐための4ステップ

1　季節商品で稼ごう ………………………………………………………………… 278
2　ネットショップから仕入れよう ……………………………………………… 281
3　全世界のeBayをリサーチしよう ……………………………………………… 289
4　新規商品ページを作成しよう ………………………………………………… 292

CHAPTER 6 月収100万円稼ぐための3ステップ

1　海外セラーと直接取引をしよう ……………………………………………… 310
2　取引相手との関係を深めよう ………………………………………………… 318
3　海外セラーとの値引き交渉術 ………………………………………………… 324

CHAPTER 7　月収200万円稼ぐための6ステップ

1　メーカーから仕入れよう……328
2　メーカーと交渉しよう……345
3　独占販売権を獲得しよう……350
4　商標権の確認をしよう……356
5　Amazonブランド登録をしよう……362
6　商品を販促しよう……381

CHAPTER 8　月収1000万円を目指すための4ステップ

1　Amazonグローバルセリングを活用しよう……406
2　Amazonアメリカの出品アカウントを作成しよう……409
3　Amazonアメリカで販売しよう……439
4　アメリカでの独占販売権を獲得しよう……445

CHAPTER 9　お客様からの評価を上げる3ステップ

1　購入者さんから良い評価をもらおう……450
2　悪い評価を削除してもらおう……456
3　商品が返品されてしまった場合の対処法……460

おわりに――467

第1章

Amazon輸入ビジネスの9のメリット

　この章では、「Amazon輸入ビジネスとは何か」を理解していただきます。

　Amazon輸入ビジネスは、他のビジネスにはない、様々なメリットがあります。あなたもこのメリットを存分に生かして、自分流のライフスタイルを手に入れてください。

シンプルで手堅く、リスクが限りなく低い

🛒 Amazon輸入の基本は安く買って高く売るだけ

　Amazon輸入の原理原則は、「海外のAmazonから安く仕入れた商品を、日本のAmazonで売る」ということです。

　「海外のAmazon？」と疑問に思う方もいるかもしれませんが、Amazonは日本だけに存在するものではなく、現在は世界23カ国に存在しています。そして、日本のAmazonと海外のAmazonで、実は同一商品がたくさん出品されているのです。

　この同一商品が、日本Amazonより、海外Amazonの方が安く売られていたらどうでしょうか？　海外Amazonから仕入れて、日本Amazonで販売するだけで、差額分の利益が出せますよね。とてもシンプルで手堅く、リスクが限りなく低いビジネスです。

　しかも、そのためにネットショップを作る必要もありません。

　アフィリエイトのように、ブログやHPを作る必要もありません。

　文章を書くスキルも必要ありませんし、専門知識も必要ありません。

　株・不動産・FXのように、リスクが高いことをする必要もありません。

　ただ、海外Amazonと日本Amazonの価格差を見つけて、日本Amazonで販売するだけなのです。

　ですから、何もない個人でも簡単に参入できます。学歴・スキル・才能はいっさい関係ありません。

　私自身、特別な資格も持っていなければ、英語だってまったくできません。以前の仕事で輸入経験があったわけでもありません。それでも稼げるようになりました。

　仕事の合間に副業をしたいと考えているサラリーマンはもちろん、ビジネ

スが何もわからない主婦や年配の方でも簡単にできる仕事。それがAmazon輸入なのです。

🛒 海外と日本で価格はここまで違う

ここで、「日本のAmazonと海外のAmazonでそんなに価格差があるものなの？」と思われるかもしれませんね。

しかし、「モノの価値」というものは場所や地域や国によって変わってくるものです。身近な例を挙げれば、スーパーやコンビニで販売価格が違ったり、映画館やテーマパークでジュースを購入すると通常より高かったりといった経験があるのではないでしょうか？　身近にこのような価格差があるわけですから、国が違えばなおさらです。

ほんの1例ですが、下の写真をご覧ください。

■ Amazon日本の価格

■ Amazonアメリカの価格

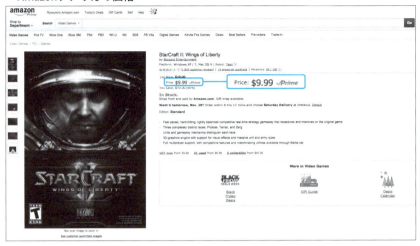

　Amazon日本では3,900円で販売されているゲームソフトが、Amazonアメリカでは9.99ドルで販売されています。1ドル100円として計算すると約1,000円です。まったく同じ商品に、実に4倍程度の価格差があるわけです。

　他にも、Amazon日本とAmazonアメリカで価格差がある商品は、山ほど存在します。そのような商品を、Amazonアメリカから仕入れて、Amazon日本で販売すれば、差額分の利益が儲かるわけです。

なぜAmazon輸入は儲かるのか？

　なお、Amazon輸入のお話をすると、「海外から仕入れて転売するだけなのに、そんなに儲けていいの？」という人がいます。ビジネスの基本は価値の提供ですが、Amazon輸入では商品を右から左に流しているだけで、何も価値を提供していないのではないか、というわけです。

　しかし、そんなことはありません。

　ビジネスにおいて、どうやって価値を提供すればいいのかというと、「誰かがめんどくさいと思っていることを代わりにやってあげる」というのが基本パターンとなります。

たとえば、すでにAmazon輸入をしている方はわかると思いますが、のちに説明するFBA納品代行会社のような外注さんは、私たちがめんどくさいと思っているAmazonへの納品作業を代行して、お金をもらっているわけです。

飲食店を例に挙げると、私たちがめんどくさいと思っている食材仕入れや調理などを代わりにやって、お金をもらっています。

学習塾を例に挙げても、独学でやったらめんどくさいような勉強を、先生が代わりに教えたり、必要な情報を与えたり、効率的な勉強法を教えて、お金をもらっています。

色々な商売やビジネスがあると思いますが、このように世の中を見渡したら、ほとんどがこのパターンなのがわかると思います。

それがわかれば、Amazon輸入がどんな価値を提供しているのかもわかるはずです。

つまり、海外から商品を買うのがめんどくさい、あるいは言語の壁があるため、海外から商品を買いたくない、買えない、輸入するのが不安……こういった方のために、商品を代わりに仕入れて、日本の買いやすいAmazonで販売しているから、Amazon輸入は儲かるのです。

Amazonは購入手続きも簡単ですし、FBA商品ならば、配送スピードも速いです。日本のAmazonならば、もちろんすべて日本語で購入できます。そしてAmazonは、抜群の信頼感を誇るプラットフォームなので、お客様も安心して購入することができます。

こう考えると、Amazon輸入は立派な価値提供をしているのがわかると思います。だから、私たちが提供した価値とお客様のお金の交換で、お金が稼げるのです。

どんなビジネスでもそうですが、必ず「誰にどんな価値を提供しているのか」という部分も意識しながらビジネスを行ってください。こういう根本的なことがわかっていないと、長期的には稼げません。

17

SECTION 2 伸び続ける Amazon を利用できる

🛒 Amazonはネットショッピング市場でもっとも成長を遂げている

経済産業省の調査によると、物販ネットショッピング市場規模は、2022年に14兆円になったそうです。この数字は年々上昇していて、前年比5.37%の増加になっています。

消費低迷の日本において、ここまで成長している産業は他にありません。今後もネットショッピングの市場規模はさらに拡大していく一方であると、明らかに予測がつきます。

そして、このネットショッピング市場を牽引している大手オンラインショッピングモールがいくつか存在していますが、その中でもっとも成長を遂げているのがAmazonなのです。

Amazonは、日本での販売開始以来、着実に訪問者を増やし、現在では月間4800万人が訪れるオンラインストアになっています。日本の人口の2人に1人近くの人が、Amazon.co.jp（Amazon.comの日本法人であるアマゾンジャパン株式会社が運営している通販サイト）にアクセスしており、ユーザー数は今もなお伸び続けている状況です。

Amazon.co.jpの売上は、2010年は約4400億円、2011年は約5200億円、2012年は約6200億円、2013年は約7455億円、さらには2019年には1兆7442億円、2022年は3兆1958億円と、年々上昇しています。

このように成長していくオンラインショッピングモールに、出店をしてビジネスをすることができるのです。それだけでもAmazon輸入は他のビジネスより圧倒的に有利だといえるでしょう。

■日本のBtoC-EC市場規模の推移

※経済産業省の資料を元に作成

🛒 世界23カ国に広がるAmazon

　さらにいえば、Amazonは、アメリカ合衆国・ワシントン州シアトルに本拠を構える通販サイトです。インターネット上の商取引の分野で初めて成功した企業の1つです。

　2025年1月現在、アメリカ以外でも、イギリス（Amazon.co.uk）、フランス（Amazon.fr）、ドイツ（Amazon.de）、カナダ（Amazon.ca）、日本（Amazon.co.jp）、中国（Amazon.cn）、イタリア（Amazon.it）、スペイン（Amazon.es）、ブラジル（Amazon.com.br）、インド（Amazon.in）、メキシコ（Amazon.com.mx）、オーストラリア（Amazon.com.au）、オランダ（Amazon.nl）、トルコ（Amazon.com.tr）、アラブ首長国連邦（Amazon.ae）、シンガポール（Amazon.sg）、サウジアラビア（Amazon.sa）、スウェーデン（Amazon.se）、ベルギー（Amazon.com.be）、ポーランド（Amazon.pl）、エジプト（Amazon.eg）、南アフリカ（Amazon.co.za）の23カ国にまで拡大しています。

　今後もさらに広がっていくことは予想できます。まさに「世界最大のショッピングサイト」です。

このようなショッピングサイトを仕入れ先としても使えるわけですから、この点でも有利といえます。

🛒 Amazonは本屋ではなく、今やオンラインの総合商社

　しかも、2000年11月1日にAmazon.comの日本版サイト「Amazon.co.jp」がオープンした当初は書籍のみの取り扱いでしたが、現在は取り扱い品目が大幅に広がっています。

　現在では、以下の取り扱い商品カテゴリーがあります。

■ Amazon日本の取り扱い商品カテゴリー

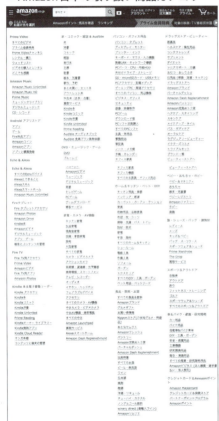

※2020年12月現在

そして、Amazon.co.jpで扱っている商品は約5000万種以上です。

「Amazon＝オンラインの本屋」というイメージの方も多いかもしれませんが、現在はオンラインの総合小売業者といわれるまでに成長しているのです。

これだけの品目が扱えるのであれば、それだけチャンスも多いということは、おわかりですよね。

Amazonマーケットプレイスに出店してビジネスができる

なお、Amazonの伸び続ける売上を支えているのが、「Amazon小売り部門」と「Amazonマーケットプレイス」の存在です。

「Amazon小売り部門」とは、Amazon自体が仕入れをして、販売をしているものです。

そして、「Amazonマーケットプレイス」とは、個人や企業がAmazon上で商品を販売できる場所を指します。

Amazonマーケットプレイスを利用すれば、私たちのような個人でも、自分が持っている商品や不要品を簡単にAmazonで出品することが可能です。

私たちがAmazonマーケットプレイスで商品を販売できるようになったため、Amazonの売上は急激に上昇していったのです。

本書では、Amazon.co.jp（Amazon日本）で販売をする方法をお伝えしていきます。

成長していくAmazonでビジネスをして、あなたも一緒に成長をしていきましょう。

めんどくさい作業は必要ない

圧倒的な集客力を利用できる

　Amazon輸入ビジネスでは、あなたが自分で集客する必要はありません。なぜなら、Amazonの圧倒的な集客力を利用できるからです。

　なぜAmazonは圧倒的な集客が可能かというと、商品をGoogleやYahoo!で検索したら商品のほとんどが検索の1番上にヒットするからです。

　これがネットショップの場合だと、PPC広告やSEOをして広告費用をかけないと集客はほとんどできません。

　オンラインで商売をするとなると、実はこの集客の部分が一番重要で、一番苦労する部分なのです。Amazon輸入ビジネスでは、この集客の部分をすべてAmazonがしてくれます。

　Amazonが月間で4800万人もの方が訪れるようなオンラインストアになっているのは、すでにAmazonがPPC広告やSEOに多くの時間やコストをかけてくれているからです。

　Amazonで商売をすれば、たとえ個人であっても最初から、そうやってAmazonが集めてくれた膨大な数のお客さんを相手にビジネスができることになります。

　そのため、資金・コネ・技術・才能、そんなものは何もない弱小の個人だった私でも、すぐに売上を上げ、利益を出すことができたのです。

圧倒的な販売力を利用できる

そして、Amazon輸入ビジネスでは、Amazonの集客力や信用・ブランド力のおかげで、商品に需要があれば必ず売れていきます。人気商品でしたら、1商品で月に数十個、数百個、本当に多いものだと数千個と売れていきます。

ですから、上級者になってくれば商品を大量に仕入れることができ、コストを下げ、回転良く商品を売ることが可能となります。

もちろん、そのためにあなたが店頭に立つ必要はありませんし、声を出して接客する必要もありません。Amazonが勝手に集客して販売してくれるのです。

このような圧倒的な集客力・販売力があるため、ビジネスをするならばもっとも稼ぎやすいプラットフォームとして、私はAmazonをお勧めします。

出品は3分で、しかも無料でできる

また、Amazonの大きな特徴は、「1つの商品に対して1つの商品ページしか存在しない」ということです。同じ商品については、どの出品者も同じ商品ページを利用して販売することができるのです。

したがって、商品撮影も商品説明も不要で、すでにAmazon上にある商品ページの写真と商品説明を利用することができます。

これがたとえばヤフオク!なら、商品撮影や商品説明を自分でやる必要があります。そのため、出品作業だけで30分〜60分はかかってしまいます。

しかし、Amazon輸入ビジネスでは、そのような手間は必要ありませんから、3分程度で出品作業を完了することが可能になります。圧倒的に短時間で効率的に出品作業が完了するわけです。

しかも、出品するだけなら無料でできます。

これもまた、Amazonを利用するメリットといえるでしょう。

すべてAmazonに外注できる効率の良い物流

　Amazonで商売をするなら、ぜひ利用をお勧めしたいのがFBA（フルフィルメント by Amazon）です。

　これは、Amazonが提供している販売支援サービスです。出品者は商品をFBA倉庫に納品してさえおけばOK。後は、商品の保管、注文処理、梱包、出荷、配送に関するお問い合わせ・返品対応までAmazonがすべて代行してくれます。

　日本では、全国にFBAの物流拠点があります。FBAを利用することで、これらの物流インフラをAmazon小売り部門と同じサービスレベルで利用できるわけです。

　通常のインターネット物販は、注文数が増えると、梱包、発送、お客様対応などの作業が増えるのが悩みになります。FBAを使えば、それらをすべてAmazonが代行してくれるので、注文数が増えても、出品者の手間が増えることはありません。自分はどこで何をしていようが、稼げます。海外旅行にいってようが、自宅で寝てようが、FBA倉庫に納品しておけば、集客から発送まで、Amazonが勝手にすべてやってくれるのです。

　自動的に商品が売れて発送される仕組みになっていますので、Amazonがインターネット上の自動販売機になるイメージです。

　私はこの仕組みを「Amazon自販機」と呼んでいます。私はいまだにこの仕組みに感動しています。この仕組みを最大限に利用すれば、短時間で効率良く、大きな利益を稼ぐことが可能になるのです。

🛒 FBAは販売促進にも抜群の効果がある

　また、FBAを利用することによりAmazonの物流を使えるだけでなく、お客様に対する販促に抜群の効果があります。具体的には、以下のメリットがあり、購入率アップに繋がります。

● 全品配送料無料

全品配送料無料のため、お客様に「買いやすさ」をアピールできます。

● 即日発送

　Amazonの物流を使うことにより、商品が購入されたらAmazonから即日発送されます。

　お客様には「価格が高くても速く配送してほしい」という方も多いので、他のオンラインショッピングモールより価格を高くしても売れていきます。

● 24時間365日受注・出荷対応

　通常の店舗ならば「土日祝日は配送できません」ということもありますが、FBAを利用すればその心配はありません。

　「24時間365日休むことなく」商品の保管、梱包、発送・カスタマーサービスや返品の対応までAmazonがすべて引き受けてくれます。

● ショッピングカートの獲得率がアップし、購入率が高まる

　Amazonと同等の配送レベルになることで、ショッピングカートの獲得率がアップし、購入率が高まります（ショッピングカートについては203ページを参照ください）。

25

商品ページから見るFBA導入のメリット

なお、FBAを利用している場合は、商品ページには「Amazon.co.jpが発送」という文字が入ります。そのため、Amazonによる配送を希望されるお客様に安心して購入いただけます。

また、最短のお届け日をお客様に約束することで購入しやすくし、急いで商品が必要なお客様にアピールできる商品ページに生まれ変わります。

■ FBAを利用している場合の商品ページ

さらに、特別な配送サービスAmazonプライムの対象商品となるため、出品者(セラー)一覧ページでは「Prime」のマークが入ります。

また、「Amazon.co.jp配送センターより発送されます」という文字が入り、最短のお届け日が表示され、お客様に購入時の配送メリットをアピールできます。

■ 出品者（セラー）一覧ページ

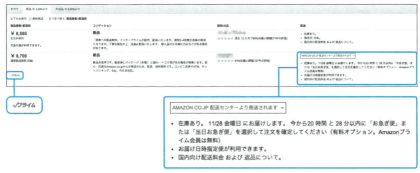

　FBAを利用することで、お客様はAmazonから購入しているという感覚になり、安心して商品を購入することができるようになるのです。
　その他にも、「当日お急ぎ便」「お急ぎ便」「お届け日時指定便」など、様々な配送納期に対応できるメリットもあります。
　私たちの手間が大幅に削減できるだけでなく、Amazonのブランドを借りて、自分で発送するよりも商品が売れやすくなりますし、送料も安くなります。
　このFBAを利用できることが、Amazon輸入の最大のメリットです。
　私はAmazonで商売をするならば、このFBAを利用することを強くお勧めします。

日本Amazonと海外Amazonはページレイアウトが同じなので迷わない

「海外のAmazonから仕入れる」と聞くと、「私は英語力がないので……」と尻込みする方がいらっしゃいます。

しかし、Amazon輸入で稼ぐには、英語は必須ではありません。

もちろん英語ができないより、できるに越したことはありませんが、英語ができないからといって心配する必要はまったくありません。

私自身も英語はほとんどできません。中学英語レベルがせいぜいです。それでも、海外Amazonで購入したり、海外メーカーや海外セラーと交渉して取引をしています。

私の輸入ビジネス仲間や、成果を出すコンサル生でも英語が得意という人はほとんどいません。

Amazon輸入で稼ぐためには、英語力よりも、本書でお伝えするようなポイントを押さえる方が大事だからです。

また、仕入れ先の海外Amazonのページレイアウトは、日本Amazonと同じになっていますので、ボタン配置なども同じです。それなので、英語力がなくても、海外Amazonからの仕入れで迷うことはほとんどないでしょう。

■日本のAmazonの商品ページレイアウト

■海外のAmazonの商品ページレイアウト

わからない場合は無料翻訳サイトが使える

　また、どうしてもわからない場合は、Googleが無料で提供している「Google Chrome」というブラウザを使えば、1クリックでページ全体が日本語に翻訳できます。

　完璧な翻訳にはなりませんが、だいたいわかるレベルまで翻訳してくれます。

　「Google Chrome」の翻訳機能を使う場合は、「Google Chrome」で母国語を日本語に設定しておきます。すると、母国語以外のページにアクセスすると、ページ上部に翻訳ツールを表示してくれます。

■ Google Chromeの翻訳ツール

　ここの「翻訳」ボタンをクリックすると、ページ全体が日本語で表示されます。

■翻訳前のページ

■翻訳後のページ

　なお、一度「いいえ」をクリックし、その後に翻訳をしたい場合は、画面上で右クリックをして、「日本語に翻訳」をクリックすれば翻訳できます。

■右クリックメニュー

　ちなみに、翻訳はAmazonアメリカだけでなく、イギリスやドイツのAmazonにアクセスしても、1クリックでページ全体を日本語に翻訳することが可能です。

　他にも、今は以下のような無料で使える翻訳サイトが充実していますので、ぜひ利用されることをお勧めします。

- Google 翻訳　　　https://translate.google.com/?hl=ja
- エキサイト翻訳　　https://www.excite.co.jp/world/
- DeepL 翻訳　　　https://www.deepl.com/translator

　こうした翻訳サイトを使えば、ネット上の文章も、メールの会話内容も、おおまかには理解することができます。私は英語ができないことにより、大きなトラブルになったことはありません。

検索すれば英文例が見つけられる

　なお、英文メールを書く時、どうしてもうまく翻訳できない場合は、ネット上にある英文例を探すと、正しい英文が見つかることもあります。

　たとえば、卸で仕入れたい場合は、Googleなどで、以下のように入力して検索してください。

　「英文　卸売りは可能ですか？」

　すると、色々なサイトやブログなどがヒットします。そこに英文例が多数あります。

そもそも100%完璧な英語を使う必要はありませんので、私は神経質になりすぎず、多少変でも通じればよいという感じでスピードを意識してビジネスをしています。

メールの場合は電話や対面と違い、即座に対応が求められるわけではありません。少しずつ慣れていけばスムーズにやり取りができるようになるはずです。英語に怯えず、勇気を出してAmazon輸入の世界に飛び込んできてください。あなたの視野が広がることは間違いありません。

上級者は外注を雇おう

独占販売権獲得など複雑な交渉が必要な場合は、翻訳・通訳を、外注サイトで募集して雇うのも手です。本書の月収100万円稼ぐステップ以降の貿易ビジネスをするなら、英語ができる人を雇うといいでしょう。@SOHO、クラウドワークス、シュフティ、ランサーズ、ワークシフトなどの外注サイトで募集できます。

- @SOHO　　　　　　https://www.atsoho.com/
- クラウドワークス　　https://crowdworks.jp/
- ランサーズ　　　　　https://www.lancers.jp/
- シュフティ　　　　　https://app.shufti.jp/
- ワークシフト　　　　https://workshift-sol.com/

今は英語ができる人材はたくさんいますので、月額4000円〜1万円程度でも、たくさんの応募があります。狙い目は、子育てで外に働きに出られない主婦の方です。かつては大手企業に勤めていたけれど、今は働いていない優秀な主婦の方もいます。

なお、海外の現地で日本独占販売権の交渉などの商談をする時は、現地通訳を雇うのもお勧めです。

SECTION 6

クレジットカードを使えば現金ゼロからでもスタートできる

カード利用から支払日までのタイムラグを利用する

私がよく受けるのが、「Amazon輸入は資金がないとできないのですか？」という質問です。

確かに、輸入ビジネスは仕入れがありますので、資金が多ければ有利になります。

しかし、私自身や私のクライアントも、現金ゼロ・クレジットカード1枚というところからスタートして結果を出していますので、資金ゼロからでも開始することは十分可能です。

なぜそんなことが可能かというと、Amazon輸入はクレジットカードでの仕入れがメインになるからです（デビットカードでの仕入れも可能です）。

ご存じの通り、クレジットカードには、カード利用日と支払日に約2ヶ月のタイムラグがあります。クレジットカードを使うということは、支払いを将来に無利子で先延ばしにできるという、短期の資金調達と同じことなのです。

つまり、クレジットカードの利用限度額が30万円ある場合、約2ヶ月間、30万円を無利子で借りることができるのと同じです。

たとえば、月末締めで、翌月末支払いのクレジットカードの場合、仮に4月1日に10万円の仕入れを行うと、支払いは5月末になりますので、4月10日に納品されたとしても、支払いまではまだかなり余裕があります。5月末までにその商品が15万円で売れれば、5月末に仕入れ代金の10万円を支払ったとしても、5万円の利益が残ることになるのです。

経験上は、2ヶ月あれば、仕入れた商品の在庫はほとんど売れてしまいます。

■カード利用から支払日までのタイムラグを利用する

　このように現金がなくても、締め日から逆算して仕入れを行い、クレジットカード枠を戦略的に使い、キャッシュフロー（現金の流れ）を意識してビジネスを進めていくことで、お金を稼ぐことができます。
　その稼いだお金を、また次の仕入れに回していけば、どんどん資金を膨らますことができるわけです。
　「キャッシュフローを制する者がビジネスを制する」とはまさにその通りです。
　Amazon輸入ビジネスで資金のない初心者の方が最速で駆け上がるためには、なるべく資金を早く回転させて、多くの経験を積み、稼ぎを再投資していくことが大事になります。
　Amazon輸入を円滑に進めるためにも、最初はスケジュールをカレンダーに記入して、お金の流れをイメージしながらビジネスを進めてみるといいでしょう。
　ちなみに、「月末締め」のカードと「15日締め」のカードなど、サイクルが違うカードを2種類を持っていると仕入れを安定化することができます。

クレジットカードで仕入れる際の注意点

カードを使って仕入れをする場合に注意したいのが、アメリカと日本に時差があるという点です。

日本時間で締め日の翌日になったからといって、アメリカでは時間が違うので、仕入れをする場合、日本時間の17時くらいから仕入れをするといいでしょう。時間を間違うと、支払いサイクルが短くなりますので注意してください。

最初は副業でスタートしたけど、将来的に独立して自由になりたいという方は、サラリーマンの社会的信用がある時期の方がカードを作りやすいので、在職中にできるだけ多く作っておくことをお勧めします。

カード限度額を上げるテクニック

また、カードは限度額を一度上げると半年程度上げられないので、継続的にやっていくことが大事です。

私は以下のような言い方で、継続的な限度枠の増額申請をしています。

「現在複数枚クレジットカードを持っているのですが、管理が煩雑になってきてしまったので、御社のカード1枚にしようかと思っています。そのため、カードの限度枠を継続的に○○○万円にしていただきたいのですが、可能でしょうか?」

これを各カード半年に1回ぐらいのペースでやっています。ぜひ参考にしてみてください。

クレジットカードを使用し、ポイントやマイルが貯まる一石二鳥のビジネス

なお、多くのクレジットカードは買い物をすると、特典でポイントが還元される仕組みになっています。100円分買い物をしたら、1ポイント還元という具合です。

これはAmazon輸入でも同様で、主にクレジットカードで仕入れをするた

め、仕入れをすればするほどポイントが貯まっていきます。このポイントも有効に使いましょう。

　ポイントはクレジットカード会社が用意したプレゼントと交換することができたり、ショッピングに使うことができます。最近では、現金や商品券と交換できるカードも増えてきました。

　ポイントが還元されるのではなく、航空会社のマイルが還元されるカードもあります。このマイルを使えば、無料で海外の現地仕入れにいったり、無料で海外旅行にもいけるようになります。

　Amazon輸入は儲かる商品を仕入れれば仕入れるほど、ポイントやマイルが貯まっていくという、まさに一石二鳥のビジネスなのです。

SECTION 7

円安でも稼げる

輸出が注目されてる今こそAmazon輸入は大きなチャンスがある

　最近は円安傾向のため、「輸入ビジネスは終わった……」と嘆く方々がいたり、そういった情報が流れています。

　確かに私がAmazon輸入をスタートした2012年は、空前絶後の円高といわれていて、1ドル80円くらいでしたが、現在では1ドル150円くらいです（2025年1月現在）。1ドルの商品を仕入れるのに、80円出せばよかったのに、今は150円を出さなければいけないということです。円の価値がドルと比較して、大きく下がっている状況です。

　しかし安心してください。これは仕入れ値だけの話です。

　Amazon輸入の実践者は、全員が利益を得るためにビジネスを行っています。円の価値が下がっているのに、販売価格がそのまま一定のわけはありません。実は輸入ビジネスは、仕入れ値が変われば、販売価格も変動するものなのです（ガソリンの価格も一定ではありませんね）。

　仕入れ値が上がったのならば、必然的に販売価格も上がっていきます。Amazonは圧倒的な販売力があるため、商品に需要さえあれば、販売価格が上がっても十分に売れていきます。

　また、第6章で説明するメーカー仕入れをすれば、世界で一番安く仕入れをすることができますので、利益を出せないことはまずありえません。さらに、独占販売権を獲得すれば、日本では自分自身しか販売できなくなりますので、日本での販売価格を自由に設定することができるようになります。

　このような理由から、私はAmazon輸入で円安だから稼げないと感じたことは一度もありません。むしろ円高の時より、ライバルが輸出、中国輸入、

第1章　Amazon輸入ビジネスの9のメリット

37

せどり、アフィリエイトなどにビジネスを変更していくので、Amazon輸入の参入者自体が減ってきており、市場は安定してきています。

　今のAmazon輸入は「逆にチャンス」といえるでしょう。

為替は関係ないのでAmazon輸入は廃れない

　為替や環境のせいにして、「Amazon輸入は稼げない」と勝手に決めて、他のビジネスに変更するのは簡単です。

　しかし、与えられた環境で、思考を使ってビジネスを行い、いかにライバルと差別化をはかるかを考えた方が、はるかに有意義です。

　その方が結果的に自分の実力が上がるので、自分自身の成長になり、長期的に安定して、大きく稼げるようになります。

　2013年に円安になった時、輸出や中国輸入がブームになりました。

　しかし、私はビジネスを変更せず、ひたすら本書のAmazon輸入に1点集中し、「円安でも稼げる」と情報発信を続けてきました。

　円安の中、「いかにライバルと差別化をはかるか」を考え、思考を使ってビジネスを続けることで、第4章で説明するKeepa、第6章で説明するメーカー卸、独占販売権など、まだ誰もやっていなかった独自ノウハウが確立し、私自身、駆け上がることができたと思っています。

　Amazon輸入に取り組むと決めた方は、他の方のように中国輸入、輸出、せどり、アフィリエイトなど、あれこれ浮気せずに、ぜひ1点集中で取り組んでほしいと思います。

　この円安を、「逆にチャンス」と捉えて、Amazon輸入ビジネスに邁進してほしいと思います。

　円安傾向の今こそ、しっかりとビジネスとして取り組めば、私や私のクライアントのようにAmazon輸入で一気に駆け上がることも可能です。

　よく考えてみてると、空前絶後の「円高」といわれている状況の中、輸出ビジネスで稼いでる人たちもいたのです。円安になったからという理由で稼げなくなるということはありえないことがわかると思います。

第1章 Amazon輸入ビジネスの9のメリット

「輸入ビジネス」というビジネスモデルが太古の昔から存在している以上、もはやそれがなくなることはありえません。

さらに、Amazonは世界中で急成長しているオンラインショッピングモールで、今後もさらに成長していくことは間違いありません。

まったくの初心者の方も、本書のノウハウで少しずつステップアップしていき、やり方さえ間違えなければ、Amazon輸入は大きなチャンスと可能性がある市場です。

私は「Amazon×輸入ビジネス＝廃れない、継続的に稼げる、今後も成長していく、最強」と捉え、自信を持ってお勧めしています。

あなたも、駆け出しの頃の私のように、「やれば必ず稼げるんだ！」という強いマインドを持ち、安定した資産を築くために、Amazon輸入ビジネスに取り組んでほしいと思います。

COLUMN　Amazon輸入でゼロから成功する方法はすべてを1点集中すること

ゼロならゼロなりの、戦い方があります。その方法とは、「ブレずにすべてを1点集中させる」ことです。

ビジネスを1点集中することが、私がAmazon輸入ビジネスで月収1000万円まで稼げるようになった要因としてかなり大きいです。その分野である程度、成功したいと考えるならば、1つのことにブレずに1点集中してください。

Amazon輸入で結果を出すと決めたら、Amazon輸入のみに集中してください。本気で1点集中し、継続して取り組めば必ず稼げると私は思っています。

人生、右往左往しているほど長くはないので、ブレずに1つのことに集中してみてください。

私は2012年にAmazon輸入ビジネスをスタートしました。

ビジネスでどんなトラブルがあろうと、私にはやめるという選択肢はなく、Amazon輸入に1点集中し、ただただひたすら、商品リサーチを続けました。稼げるまで絶対にやめないくらいのスタンスでした。

39

そして、他のことには目もくれず、Amazon輸入にブレずに１点集中し、全力でここまで駆け上がって来ました。

　当時のドン底状態を考えると、今では月収1000万円以上稼げるようになり、考えられないくらい成長できています。

　色んな人が色んな情報を流すので、ヤフオク！が稼げると聞いたらヤフオク！をやり、ネットショップが稼げると聞いたらネットショップをやり、バイマが稼げると聞いたらバイマをやり、プラットフォームを最初から色々と変えて（あるいは同時に）やっている人がいますが、まったくお勧めしません。

　「隣りの芝生は青い」ではないですが、楽して稼げそうだからとアフィリエイトに目がいってしまったり、「円安になったから輸出だ！」「ブームだから中国輸入だ！」といってあれこれブレていたら、今の私は絶対にありません。

　私はひたすらAmazonのプラットフォームで欧米輸入に注力するようにしました。

　これは時間をAmazon輸入だけに最大限に投資するためだけでなく、意識も分散させないためです。そして最初は寝ても覚めても、ひたすらそれにのめり込みました。

　そうした中で、弱小だった、何もない個人の私を少しずつ更新してきました（稼ぎがどんどん増えていったため、今では株式会社にしました）。

　私が見ている限り、稼げていない人は色々なことをやろうとします。最初からあれこれ色々やっているとどれも中途半端に終わってしまうのがオチです。まずはAmazon輸入で稼ぎたいなら、Amazon輸入だけに注力することをお勧めします。

　Amazon輸入に１点集中をして、為替や環境に関係なく、安定的に稼ぐ力を身につけましょう。

　あれこれやっていると、本当にいつまでも稼げないですし、いつまでも自由にはなれません。

COLUMN スクール参加者の7割が月収100万円以上

　私の主催する、年間コースのIBC（国際バイヤーズカレッジ）で2024年に成果報告会をした結果、参加者の実に7割が月収100万円〜月収1000万円達成者となっていました。一部ですが紹介すると、次の通りです。

・Sさんは開始11ヶ月で月収210万円達成
・Wさんは開始11ヶ月目で月収160万円達成
・Kさんは半年で月収100万円以上達成
・Kさんは1年で月収100万円以上達成
・Yさんはメーカー仕入れ開始半年で月収170万円達成
・Mさんは1年で月収170万円達成
・Hさんは1年で月収100万円達成
・Eさんは月収200万円を5年以上安定達成
・Kさんは月収350万円を3年以上安定達成
・Oさんは実践歴2年で月収260万円達成
・Iさんは月収1000万円を3年以上安定達成

　円安でIBCメンバーも過去最高に少なく20名弱程度の参加でしたが、成功者は多く、稼ぐ率が非常に高かったです（それ以外のメンバーも皆さん月利30〜60万円程度は稼げています）。皆さん、超多忙な副業の中で実践されていますので、本当に頑張ったと思います。上記メンバーは、まだ開始1年程度ですが、2025年は確実に月利300〜1000万円など、さらに収入を上乗せさせるでしょう。

　理由を分析すると、円安で、過去最高レベルにAmazon輸入の参入者が少なかったからだと思われます。ライバルが過去最高に少ないのに、輸入品や取引メーカー自体は毎年増えていますので、必然の結果と言えるでしょう。円安でも参入者が少ない分、確かな情報を得てモチベーション高い環境で実践した人は必勝できたわけです。

　「円安で輸入は不利」など、物事の一面だけで判断するのではなく、ライバルの増減など、市場全体で判断した方がいいですね。あなたも、円安でライバルが過去最高に少ないうちに実践して稼ぎ、優良なメーカーとも契約しておくのがお勧めです。

SECTION 8 すべての作業をパソコン1台でできる

どこにいても実践できる

　Amazon輸入のさらなる魅力は、すべての作業をパソコン1台でできるので、「場所」「人」「時間」に縛られない点です。

　パソコン1台あれば自宅にいても、カフェにいても、さらに海外にいたって、場所は関係なくどこでも実践できます。仕入れから販売までを、すべての作業をインターネットでできるからです。

　輸入ビジネスだからといって、無理して現地仕入れにいく必要はありませんし、販売のために実店舗を構える必要もありません。自宅にいたい場合は、1歩も外に出る必要はありません。通勤時間もありませんし、すべての作業を在宅で行うことが可能です。

たった1人でできる

　さらに、Amazonを使えば、集客から販売、商品の保管、注文処理、梱包、発送まで、すべてAmazonがやってくれます。また、後に紹介する納品代行会社を使えば、商品を実際に1度も見ることがなく、Amazon倉庫へ納品することができます。

　よって、あなたが行うのは「商品リサーチ」と「仕入れ」のみになります。それならたった1人でできるので、人間関係のトラブルやストレスがいっさいありません。自分の力で稼ぎ、組織に縛られず自由に生きることができます。

　また、パソコン1台で完結するので、サラリーマンの副業にも最適です。

日付・曜日に関係なく24時間いつでもできる

　また、たった1人でできるので、やりたい時に、やりたいだけ実践することができます。一般的な仕事のように、9時〜17時の定時に仕事をする必要はありません。日付・曜日に関係なく、24時間いつでも実践することができます。

　夜型の人は夜中に実践することもできますし、朝から起きて実践することもできます。すべてはあなたが自由に決められます。

「体調が悪いから今日は休みにしよう」

「明日は飲み会に参加しよう」

「月末は1週間旅行にいこう」

　このように、ライフスタイルの変化に柔軟に対応することができるようになります。

SECTION 9 他にもあるAmazon輸入のメリット

パソコンスキルは必要ない

　前述したようにAmazon輸入はパソコン1台でできるビジネスですが、だからといってパソコンスキルはほとんど必要ありません。私自身、パソコンの電源のつけ方もわからないところからスタートしました。

　一般的な仕事では、文書作成ソフトのWord（ワード）、表計算ソフトのExcel（エクセル）、プレゼンテーション用ソフトのPowerPoint（パワーポイント）のある程度のスキルを求められます。

　しかし、Amazon輸入にはこれらのスキルはほとんど必要ありません。Excelに数字さえ入力できれば、利益管理だってできます。

　ホームページを作成する能力も必要ありませんし、画像を加工するスキルも必要ありません。

　簡単なネットサーフィン、文字の入力、クリックなど、基本動作さえできれば気軽にスタートできます。難しいITのスキルや知識はいらないので、簡単に参入できるのがAmazon輸入の魅力です。

　WordやExcel、パソコンの知識を勉強してから始めようという方もいますが、資格・スキル・勉強はいっさい必要ありません。

　むしろ、そのような勉強を先にしようとすると、無駄な時間や労力だけを使うことになります。なかなか前に進むことができず、成長スピードが遅くなりますので、本末転倒になります。

　必要になったら、しかるべき時に、しかるべきことを勉強するだけで十分です。重要なのは、Amazon輸入を実践することのみだと思ってください。

🛒 わからないことはAmazonテクニカルサポートに聞ける

初心者の方に何といっても心強いのが、Amazonテクニカルサポートの存在です。

何かわからないことがあれば、どんな些細なことでも電話やメールでAmazonが丁寧に教えてくれます（電話は午前9時から午後9時、メールは24時間365日受付）。

自分でビジネスをするというのは不安なことがたくさんあると思います。私も初めの頃は毎日のように電話をかけていましたし、いまだに連絡をすることもあります。

「Amazon関連」でわからないことがあれば、Amazonテクニカルサポートに質問するクセをつけましょう。正確な情報を迅速に聞き出すことができます。

「Amazonの機能がわからない」「出品の仕方がわからない」「お客さんとトラブルがあった」など、何でも質問して大丈夫です。

親切丁寧に対応してくれるので、こういったサポートの側面からも、Amazonは初心者の方には最適なプラットフォームだと私は考えています。

COLUMN　意識や資金を1点集中する

　Amazon輸入でゼロから成功する方法はすべてを1点集中すること、という話をしましたが、これは資金についてもいえます。

　資金ゼロの場合、最初は基礎的なAmazon、eBayから仕入れる小売り転売をすることが大事です。すべての基礎、土台は、小売り転売だからです（私もまったくのゼロから本業で半年間、ひたすらこれに取り組みました）。

　そして、小売り転売で、ある程度の資金を貯めたら、第6章以降で説明する方法で卸の金脈を探し、そこに仕入れ資金を1点集中するのです。

　資金が少ないのですから、小売り転売などで貯めた、今ある資金をすべてそこに投入するのが肝心です。何もない弱小の個人がゼロからAmazon輸入で成り上がるには、このようにしていくのがいいです。

　意識や資金を1つの取引先に集中し、人生をかけて取引するのです。そのような熱意を取引先に示して、私は海外メーカーの独占販売契約を結ぶまでに至りました。ニート、無職、職歴なしのドン底だった何もない個人が、成功体験をおさめた瞬間でした。

　資金ゼロで、スウェット1着しか持っていなかったような私が、あらゆるライバルを押しのけ、自分だけの独自市場を築き上げたのです。

　弱小なのに、ビジネスや資金など意識を分散させている場合ではないはずです。

　このようにすれば、資金ゼロのドン底からでも、Amazon輸入ビジネスで、最速で駆け上がっていけるはずです。弱小の個人でも、すべてを本気で1点集中させたら、とんでもないパワーを発揮するものです。

第2章

月収3万円稼ぐための
14ステップ

まずはAmazon輸入で月収3万円を稼ぐステップを進めていきます。

3万円を稼ぐといっても、すぐにお金が入って来るわけではありません。インターネットで商売をするとなると、どうしても各種登録作業が必要になってきます。

この登録作業の段階で「めんどくさいからやらない」「ちょっとやるけどすぐに諦める」という方が大半なので、ぜひ作業しながら読み進めてほしいと思います。

勉強したり記憶したりする必要はありません。ぜひ手を動かして実践をしてください。

始める前に用意するもの

インターネットに繋がったパソコン

　Amazon輸入はインターネット上で行うビジネスなので、インターネットに繋がったパソコンは欠かせません。携帯やスマートフォンは画面が小さい上に、操作性を考えるとかなり使いづらいです。

　パソコンは、機種やスペックにこだわる必要はありませんので、メールができて、ウェブサイトが閲覧できれば、どのようなものでも大丈夫です。WindowsでもMacでもどちらでも開始できますし、デスクトップでもノートパソコンでも開始できます。

メールアドレス

　Amazonや各サイトに登録するために、メールアドレスが必須になります。

　またサイトから通知を受け取る場合や、連絡手段としてもメールを使います。

　メールを使うことができれば、国内外問わず、世界中と取引ができるようにもなります。

クレジットカード

　仕入れは主にクレジットカードを使います。また日本のAmazonでの費用も、登録したクレジットカードから引かれることになります。

　「月末締め」のカードと「15日締め」のカードなど、サイクルが違うカードを複数作っておくとキャッシュフローが良くなります。

　基本的に利益の額を上げるということは、仕入れの金額も上がるというこ

となので、なるべく限度額が大きいものを作成するようにしましょう。また、常にカードの枠は増額していくように取り組んでいきましょう。

諸事情でクレジットカードが作れない場合は、デビットカードでも可能です。デビットカードは、クレジットカード会社の審査なしで作れるカードで、銀行口座と連動しており、決済をすると即時に代金が口座から引き落とされる仕組みになっています。三菱東京UFJ銀行や楽天銀行など、多くの銀行で作ることができます。

🛒 銀行口座

Amazonからの売上金の受け取りに、銀行口座が必要です。

みずほ銀行や三菱UFJ銀行などのメガバンクから、楽天銀行やジャパンネット銀行といったインターネットバンクまで様々なものがあります。どの銀行でも結構です。

Amazon輸入の全体の流れを理解しよう

あなたがやることは5つ

Amazon輸入であなたがやるべきことは次の5つになります。

①商品リサーチ

商品リサーチとは、儲かる商品を探すことです。日本のAmazonと海外のショップで価格差のある商品を探していきます。もちろん、価格差があるだけでなく、日本のAmazonで需要のある商品を見つけます。

この商品リサーチがAmazon輸入の肝となる部分です。Amazon輸入で成功する・しないの分かれ目は、商品リサーチによって決まるといっても過言ではありません。

私が実際にやっている商品リサーチの方法は、本章以降の各章で、ステップアップしながら解説します。

②仕入れ

商品リサーチで儲かる商品を見つけたら、商品を購入し、海外から仕入れをします。この方法は、後ほど本章で説明します。

③出品&FBA納品設定

海外から仕入れた商品を、インターネット上で日本のAmazonに出品します。

本書では、メリットの多いFBA出品を前提に進めていきます。こちらの手続きも簡単に終えることができます。

具体的な方法は、後ほど本章で説明します。

④商品の受け取り&FBA納品

海外から仕入れた商品の受け取りとFBA倉庫への納品が必要になります。

FBAを利用する場合は、事前に商品をFBA倉庫に送ります。

ただし、副業の場合は、朝から夜遅くまで働いてる方も多いと思いますので、商品の受け取りが困難な方もいると思います。さらに扱う商品が増えてくれば、納品作業も大変になります。そういう場合には、商品の荷受け&FBA納品を代行会社に任せることも可能です。

代行会社については、237ページで説明します。

⑤評価の依頼

商品が売れたら、梱包、出荷までAmazonがやってくれます。

その後、評価をもらうために購入者さんに評価依頼をします。10秒もかからずに完了できます（450ページから参照）。

「する・しない」は自由ですが、最初は評価を貯めるためにも評価依頼をすることをお勧めします。

出品アカウントを作成しよう

出品形態には2つの種類がある

　それでは、さっそくAmazon輸入を始める準備をしましょう。Amazonマーケットプレイスに商品を出品するためには、まず、Amazonにアカウントを作成しておく必要があります。

　そして、アカウントを作成する際には、大口出品サービスか小口出品サービスかを決めなければなりません。

　大口出品は月額4,900円かかるのに対して、小口出品は月額無料です。

　ただし、大口出品は商品を何点販売しようが基本成約料が免除されますが、小口出品は商品が1点売れるごとに100円の成約料がかかります。

　よって、月間50点以上を販売するならば、大口出品として登録した方がお得ということになります。

　他にも、大口出品には様々なメリットがありますので、以下の比較表をご覧ください。

■大口出品サービスと小口出品サービス

出品形態の機能	大口出品サービス	小口出品サービス
月間登録料	4,900円	無料
基本成約料	無料	1点につき100円
Amazon.co.jp上にない商品のカタログデータ登録	○	×
出品形態	出店（Amazon.co.jp上に出品商品一覧ページ掲載）	出品
一括出品ツールの利用	○	×
注文管理レポートの利用	○	×
出品者独自の配送料金・お届け日時指定の設定	○	×
購入者へ提供できる決済方法	クレジットカード、Amazonギフト券、Amazonショッピングカード、コンビニ決済、代金引換、Edy払い	クレジットカード、Amazonギフト券、Amazonショッピングカード
プロモーション・ギフトオプションなどを利用	○	×
商品詳細ページ右側「ショッピングカード」または「こちらからも買えますよ」ボックスへの出品者名表示権限	○	×
出品できるカテゴリ	今すぐ出品が可能 書籍／文房具・オフィス用品／ミュージック／ホーム＆キッチン／ビデオ／DIY・工具・車用品／DVD／おもちゃ＆ホビー／PCソフト／スポーツ＆アウトドア／TVゲーム／ベビー＆マタニティ／エレクトロニクス／楽器 出品許可が必要 時計／ヘルス＆ビューティ／アパレル、シューズ、バッグ／コスメ／ジュエリー／食品＆飲料／ペット用品	今すぐ出品が可能 書籍／文房具・オフィス用品／ミュージック／ホーム＆キッチン／ビデオ／DIY・工具・車用品／DVD／おもちゃ＆ホビー／PCソフト／スポーツ＆アウトドア／TVゲーム／ベビー＆マタニティ／エレクトロニクス／楽器

第2章 月収3万円稼ぐための14ステップ

本ノウハウを実践するのでしたら、大口出品をすることを強くお勧めします。

🛒 まずアカウント作成の準備をしよう

アカウントの作成は、難しいことは1つもありません。5分程度で完了することができます。準備するものは以下の5点です。

①クレジットカード

Amazonへの支払いに使用するクレジットカードです。クレジットカードがなければ、デビットカードでも可となっています。

②銀行口座

Amazonからの入金等に使用する銀行口座です。

③電話番号

電話番号が必要なのは、アカウント登録の途中で、電話での認証を求められるからです。固定電話でも携帯電話でもOKですので、応答ができる電話番号を用意してください。「050」の電話番号ですと、自分の携帯電話番号を使わなくてもいいので、利用を検討するのも手です。「SMARTalk」や「050plus」などの電話アプリを使うといいでしょう。

④有効期限内の顔写真入りの身分証明書（1部）

以下のいずれか1つを準備してください。個人番号（マイナンバー）カードは、ここでの身分証明書審査には利用できませんので注意しましょう。

・旅券（パスポート）……顔写真の入ったページをスマートフォン、携帯電話、デジタルカメラ等で撮影した画像、または原本のスキャンデータを準備してください。パスポートには必ず署名を記載してください。

・運転免許証……カードの両面をスマートフォン、携帯電話、デジタルカメラ等で撮影した画像、またはカードのスキャンデータを準備してください。

　上記のように、スマートフォン等で撮影した画像、または原本のスキャンデータが求められていますので、スクリーンショット（画面キャプチャ）は審査対象外となります。

　また、身分証明書審査の提出前には、必ず下記を確認してください。

・身分証に記載のある氏名がセラーセントラルに登録する情報と一致している
・身分証に顔写真が入っている
・身分証は有効期限内である
・画像またはPDFデータはカラーである（白黒は審査対象外）
・ファイル形式は「.png」「.tiff」「.tif」「.jpg」「.jpeg」「.pdf」のいずれかである
・ファイル名に絵文字や特殊記号（$、&、#など）を使用していない

⑤過去180日以内に発行された各種取引明細書（1部）

　以下のいずれか1つを準備してください（金融機関によって名称が異なる場合があります）。

●クレジットカードの利用明細書

　アカウント作成時に登録したクレジットカード以外のものでも構いません。

　手元に郵送で届いた利用明細がある場合、スマートフォン・携帯電話・デジタルカメラ等で撮影をした画像ファイル、またはスキャンデータを提出します。

　Webの利用明細を提出する場合は、PDF形式でダウンロードした利用明細を使います。CSV形式/Excelの利用明細や、パソコンやスマホの画面上に表示された利用明細のスクリーンショット（画面キャプチャ）、画面を撮影し

た画像は、審査の対象外となりますので注意しましょう。

● インターネットバンキングの取引明細

　過去180日以内の入出金履歴が確認できる取引明細をPDF形式にてダウンロードして提出します。CSV形式/Excelの取引明細は審査対象外となります。

　金融機関に応じて書類の名称や、PDF形式でのダウンロード可否が異なるため、用意が困難な場合は別の取引明細書（クレジットカードの利用明細、預金通帳、残高証明書等）を検討しましょう。

● 預金通帳の取引明細書

　過去180日以内の最終取引履歴が確認できるページ＋名前が記載されているページ（表紙か表紙をめくったページに通常名前が記載されています）をスマートフォン・携帯電話・デジタルカメラ等で撮影をした画像ファイル、またはスキャンデータを提出します。

● 残高証明書

　過去180日以内に発行された残高証明書をスマートフォン・携帯電話・デジタルカメラ等で撮影をした画像またはスキャンデータを提出します。

　残高証明書は取引履歴の確認はできないため、入出金取引ではなく、発行日が過去180日以内であれば審査の対象となります。

　いずれの取引明細書を使用する場合でも、スクリーンショット（画面キャプチャ）および画面を撮影した画像は無効ですので注意しましょう。また、当然ですが、クレジットカードやキャッシュカード自体の画像やスキャンデータも無効です。

　提出前には必ず下記を確認してください。

- 氏名、請求先住所、銀行情報（クレジットカード会社の情報）が確認できる
- 発行日または取引履歴のページが確認できる
- ファイル形式は「.png」「.tiff」「.tif」「.jpg」「.jpeg」「.pdf」のいずれかである
- ファイル名に絵文字や特殊記号（$、&、#など）を使用していない

なお、提出するファイルはパスワードで保護しないでください。

いよいよ出品アカウントを作成しよう

前述の5点すべての準備ができたら、まず、GoogleやYahoo!の検索サイトで「Amazon」と検索をし、日本のAmazonのトップページを開いてください。

- Amazonのトップページ

そして、サイトの下にある「Amazonでビジネス」という項目の「Amazonで売る」をクリックしてください。

- Amazonトップページの下部メニュー

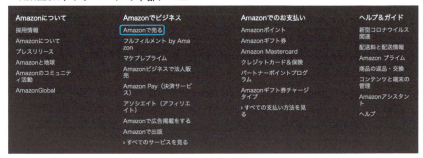

　以下の画面が表示されます。「さっそく始める」というボタンをクリックしてください（大口出品登録のページに進みます）。

- 確認ページ

　以下の画面になりますので、青枠の「Amazonアカウントを作成」をクリックしてください。
　なお、すでにAmazonの購入アカウントを持っている場合は、Eメールアドレスとパスワードを、出品アカウントと共通して利用することができますので、そちらを入力しても大丈夫です。その場合はEメールアドレスとパスワードを入力して、「次へ」をクリックしてください。

- ログインページ

以下の画面になりますので、名前、メールアドレス、パスワードを設定して「次へ」をクリックします。

- アカウント作成ページ

以下の画面になります。

先ほど登録したメールアドレスへ確認コードが届いていますので、その

コードを入力して「アカウントの作成」をクリックしてください。

- メールアドレス確認ページ

以下の画面になります。事業所の所在地、業種、氏名を入力してください。

- 個人か法人かの選択ページ

なお、業種については次の選択肢の中から選びます。

• 国有企業（法人）　※官庁や公立の団体はここに含まれます

• 上場企業（法人）

• 非上場企業（法人）

• チャリティ（法人）　※NPO法人等はここに含まれます

• 個人　※個人事業主はここに含まれます

　業種に個人を選択した場合、氏名はローマ字入力になります。

　入力ができたら「同意して続行する」をクリックします。

　以降は、ここで「個人」を選んだか、それ以外を選んだかで手順が変わってきますので、それぞれについて説明していきましょう。

個人の場合の登録手順

　業種に「個人」を選択した場合は、以下の画面になります。必要項目を選択および入力してください。

　「国籍」を選択すると、「身分の証明」項目が表示されます。

　「国民IDに記載されている名前」は、選択した身分証明書に記載されている名前を記載ください。日本語のみ利用可能です。

　「ワンタイムパスワードの取得方法」では、電話番号認証の可能な電話番号を入力して、SMSか電話を選択してください。

- 個人情報の入力ページ

次の画面で、販売する国を選択します。

- マーケットプレイス固有の詳細ページ

日本で販売するので、「北米」と「ヨーロッパ」のチェックを必ず外してください。ここでチェックを外さずに、アカウント停止になるトラブルが多発しています。必ず日本のみにチェックを入れて「次へ」をクリックしましょう。

▪ マーケットプレイス固有の詳細ページ

　次にクレジットカード情報の入力画面になりますので、画面の指示通りに、情報を入力してください。
売上金額の合計が月間登録料の4900円に満たない場合に、差額が、登録したクレジットカードに請求されることになります（売上が4900円に満たないことはまずありませんが、登録しておきます）。
　入力が完了したら、「次へ」をクリックしましょう。

▪ 請求先情報ページ

次に、ストア情報を入力するページが表示されます。

「ストア名」はAmazon上で表示される店舗名です。〇〇屋、〇〇ショップなど、ビジネス的で信頼感のある名称をつけるようにしてください。なお、店舗名は後から何度でも変更することが可能です。ただし、〇〇Amazon店、〇〇アマゾン店など、店舗名にAmazonという名称を入れるのは規約違反なので注意してください。

UPC（Universal Product Code）、EAN（European Article Number）、JAN（Japan Article Number）コードとは、商品についているバーコードのことです。JANコードは、日本の共通商品コードとして使われていて、13桁の数字で作られています。同様に、ヨーロッパをはじめとした国で使われているものがEAN、主にアメリカやカナダで使われているものがUPCです。本書のAmazon輸入ビジネスをするなら、基本的にはバーコードがついてる商品を扱うので、UPC/EAN/JANコードの有無は「はい」を選択してください。

ブランド所有者に関しては、本書の月収200万円稼ぐステップに、ブランドの代理店になるノウハウがあるので、「一部」を選択すれば問題ないです。

入力が完了したら「次へ」をクリックします。

▪ ストア情報ページ

ここまで入力できたら、最後に本人確認書類のアップロードをしてください。すべてアップロードが完了したら、送信を押して、手続き完了となります。

▪ 身分証明ページ

　審査の結果については、Eメールで3営業日ほどで連絡がきます。

法人の場合の登録手順

　業種に「法人」を選択した場合は、最初に法人情報を入力する必要があります。登記簿謄本を用意の上、必要項目を入力してください。

　なお、「確認のための電話番号」は、登記簿に登記されているものではなく、現在利用している個人の電話番号で構いません。連絡の取れる電話番号を入力してください。

　また、「主担当者」には本人確認する担当者の名前を入力してください。

　すべて入力したら、「次へ」をクリックします。

企業情報ページ

企業情報 ISA shop

法人番号 ⓘ

登録されている会社住所

ⓘ この住所は正確かどうかが確認されます

住所1 　　　　　　　　　　　住所2
市区町村 　　　　　　　　　　都道府県/地域
日本 　　　　　　　　　　　　郵便番号

ワンタイムパスワードの取得方法
● SMS ○ 電話
確認のための電話番号
● +81
国番号（+81）の後に、最初の0を除いた市外局番と電話番号を続けて入力してください。

SMSで本人確認する際の言語
日本語 　　　　　　　　　　　　SMSを送信する

主担当者
名 　　　　　　ミドルネーム　　　　　姓
氏名はパスポートまたは身分証明書に記載されている通りに入力してください。

次へ

　次の画面でも、必要項目を選択および入力してください。

　「国籍」を選択すると、「身分の証明項目」が表示されます。

　「身分の証明」ではパスポートまたは運転免許証を選択してください。

　「国民IDに記載されている名前」には、選択した身分証明書に記載されている名前を記載してください。日本語のみ利用可能です。

　「ビジネスの受益者」か「会社の法務担当者」の選択は、登録する本人が会社の法務担当者の場合は、「会社の法務担当者です」をチェックしてください。それ以外の場合は「ビジネスの受益者です」にチェックで大丈夫です。「私はビジネスのすべての受益者を追加しました。」は、「はい」を選択してください。

　入力が完了したら、「保存」をクリックします。

▪出品者情報ページ

　後の手順は、基本的に先ほど紹介した個人の場合と同じなので、そちらを参照してください。

出品アカウント作成でわからないことはAmazonに聞こう

　出品アカウント作成に関して不明点があれば、Amazonに質問することができます。

　Amazonのトップページの最下部右にある「ヘルプ」をクリックしてください。

- **Amazonのトップページの最下部**

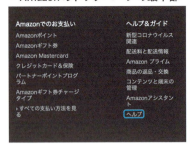

　「amazon.co.jp/contact-us」というURLが記載されていますので、クリックしてください。

- **ヘルプページ**

　ログイン画面が出てきたら、購入アカウントでログインしてください。
　中段に、「Amazon.co.jpからお電話いたします」ボタンがありますので、クリックします。

- **ヘルプページ**

次の画面の「お問い合わせの種類を選択してください」で「各種サービス」を選択します。

　そして、「お問い合わせ内容を選択してください」の「お問い合わせ内容」は「セキュリティ、機能」、「詳細内容」は「アカウント」、「さらに詳細を選択してください」は「名前、Eメールアドレスの変更」を選択します。

▪ 問い合わせ内容の選択ページ

　すると、下に問い合わせ方法のボタンが表示されますので、「電話」をクリックしてください。

▪ お勧めのお問い合わせ方法

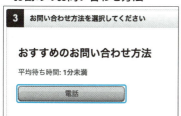

電話番号を入力して、「今すぐ電話がほしいボタン」をクリックします。

▪ カスタマーサービスへの連絡ページ

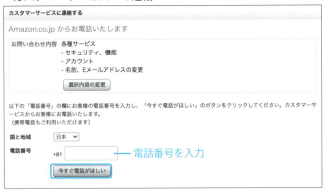

　すると、入力した電話番号にAmazonカスタマーサポートから電話がかかってきます。後はその電話で出品アカウント作成に関して質問することで、出品サポートであるテクニカルサポートに繋いでもらい、回答をもらうことができます。

FBAに登録しよう

　出品アカウントが完了したら、FBAの利用登録も行いましょう。前章でお伝えしたように、FBAを使えばたくさんのメリットを享受できるようになります。

　Amazonのトップページの下にある、「Amazonでビジネス」という項目の「フルフィルメント by Amazon」をクリックしてください。

■ Amazonトップページの下部メニュー

次のページの「さっそく始める」をクリックします。

■ FBA登録ページ①

「フルフィルメント by Amazon 規約に同意しました」にチェックを入れて、「フルフィルメント by Amazonの利用を開始する」をクリックすればFBA利用登録は完了です。

■ FBA登録ページ②

フルフィルメントby **amazon** フルフィルメント by Amazonの
利用を開始する

フルフィルメント by Amazon
(FBA) は、Amazonが出品者様から商品をお預かりして Amazonフルフィルメントセンターに保管
し、出品者様に代わって梱包・出荷、そしてカスタマーサービスを提供するサービスです。FBAをご
利用いただいている出品者の方々から、「売り上げが向上した」「出荷の作業負荷やコストが軽減し
た」といった声を数多くいただいています。FBAは出品者様に以下のようなメリットを提供します。

1. Amazonプライム会員へのお急ぎ便*対応 ✓Prime

購入者は、商品の迅速な配送を望んでいます。Amazonプライム会員向けのお急ぎ便は非常にニーズ
の高いサービスであり、FBA商品はこのお急ぎ便や、受注当日にお届けする当日お急ぎ便が適用され
ます。
* 関東地方は当日または翌日にお届けいたします。但し、一部地方を除きます。

2. 商品の国内発送料が無料* 🚚

Amazon.co.jpで販売し、購入者に発送する全商品の通常配送料は無料です。FBA商品も同様に購入者
への国内発送料無料の対象となります。
*詳細はAmazon.co.jp 内に掲載されている「配送料と配送情報」をご参照ください。

3. 年中無休で即日出荷 🚚

Amazon.co.jpは年中無休24時間体制で受注いたします。そして、FBA商品は受注後に速やかに出荷
されます。

4. カスタマーサービスの利用 ☎

FBA商品の出荷に関する購入者からの問い合わせには、Amazonカスタマーサービスセンターが年中
無休で対応いたします。

5. 購入者からの返品対応

FBA商品の購入者からの返品には、Amazonが対応いたします。

6. Amazon 以外の販売経路からの受注にも対応

出品者様の自社サイトなどAmazon.co.jp以外の販売経路で受注した商品の出荷も、Amazonが代行
して出荷いたします。

出品者様の大切な商品をお預かりするフルフィルメントセンターは、出品者様が商品をご納品される
元の住所と商品の種類によって決定されます。詳しくはこちらのページにてご確認ください。

注意: アカウントにフルフィルメント by Amazonの追加登録をすると、特定の在庫ファイルまたはレポートの形式が変更
になる可能性があります。Amazonでの出品においてほとんど影響することはありませんが、現在ご使用いただいている
出品商品の在庫ファイルなど、形式に変更がないかどうか再度ご確認ください。

尚、一度FBAにご登録頂いた後は、セラーセントラルに直接ログインしてFBAの機能をご利用頂けます。FBAのご利用ご
とにご登録いただく必要はございません。

日本国外の出品者様は、フルフィルメント by Amazonのご利用にあたり確認事項等がございますので、こちらのページよ
りお問い合わせください。

**If you reside outside of Japan, you must agree to a separate agreement.
Please read the international selling requirements and contact us through
this form to confirm requirements for using Fulfillment by Amazon in
Japan.**

☐ フルフィルメント by Amazon 契約に同意しました。

[フルフィルメント **by Amazon** の利用を開始する ▶]

🛒 銀行口座情報を設定しよう

　Amazonセラーセントラルにログインして、右上にある「設定」タブの中から、「出品用アカウント情報」をクリックしてください。

■「設定」タブ

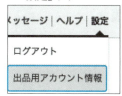

　「銀行口座情報」の欄の「編集」ボタンをクリックして、売上金を受け取りたい銀行口座の情報を入力してください。入力を終えたら、「送信」をクリックすれば完了です。ここで登録した銀行口座へ、Amazonから自動で売上金が入金されることになります。
　これであなたも「ショップの店長」となり、販売先である「Amazonマーケットプレイス」に出品できるようになりました。

Amazonアメリカの購入アカウント作成手順

次は「Amazonマーケットプレイス」で販売するための商品を仕入れる必要があります。その仕入れ先となる「海外Amazon」に、購入用アカウントを作成しましょう。

ここではAmazonアメリカの購入アカウントを作成してみます。

・Amazonアメリカのトップページ

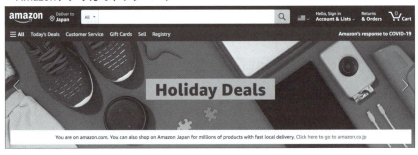

Amazon日本の最下部のリンクからもアクセスすることができます。「日本」と書かれているボタンを押すと、各国のAmazonを選択できます。

・Amazon日本トップページ下部メニュー

▪ 各国のAmazonを選択できる

　第1章でもお伝えしましたが、AmazonアメリカもAmazon日本とインターフェースが同じです。したがって、購入アカウントの作成手順も、Amazon日本と変わりません。

　まず、トップページ右上の「Hello, Sign in Account & Lists」にカーソルを合わせます。

▪ Amazonのトップページ上部

　カーソルを合わせると、「Sign in」の下に「New customer? Start here.」と表示されるので、「Start here」をクリックします。

▪ Sigh in

次の画面で、「Create account」というページが表示されるので、「名前」と「Eメールアドレス」と「パスワード」を入力して「Create your Amazon account」をクリックしてください。

- 「Create account」ページ

Amazonから登録したメールアドレスに確認用のコード（6桁の数字）が送られてきます。これを入力すると、Amazonにログインできるようになります。

これでAmazonアメリカの購入アカウントが作成されました。

ちなみに、Amazonのサイトは日本も含めて世界23カ国にありますが、アメリカのAmazonのアカウントを作成すると、イギリス（Amazon.co.uk）、フランス（Amazon.fr）、ドイツ（Amazon.de）、カナダ（Amazon.ca）、中国（Amazon.cn）、イタリア（Amazon.it）、スペイン（Amazon.es）、ブラジル（Amazon.com.br）、インド（Amazon.in）、メキシコ（Amazon.com.mx）、オー

ストラリア（Amazon.com.au）、オランダ（Amazon.nl）、トルコ（Amazon.com.tr）、アラブ首長国連邦（Amazon.ae）、シンガポール（Amazon.sg）などのAmazonでも、そのアカウントが使えるようになっています。

　つまり、これで世界中のAmazonから仕入れする準備ができたことになります。

配送先住所を登録しよう

　商品を仕入れる際の受け取りの住所を登録します。

　Amazon.comのトップ画面右上の「Account」をクリックしてください。

- Amazon.comのトップ画面

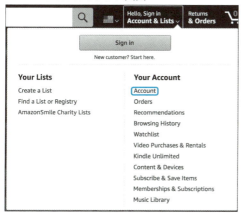

　住所を登録する際には、「Ordering and shopping preferences」の欄から「Your addresses」をクリックします。

- 「Ordering and shopping preferences」メニュー

Ordering and shopping preferences
Your addresses
Your Payments
Your Amazon profile
Archived orders
Manage your lists
Download order reports
1-Click settings
Amazon Fresh settings
Language preferences
Manage saved IDs
Coupons
Product Vouchers

　以下の「Your Addresses」の画面になるので「＋Add Address」をクリックしてください。

- 「Your Addresses」ページ

　以下の「Add a new address」の画面になります。

▪ 住所登録のページ

Add a new address

Or pick up your packages at your convenience from our self-service locations. To add an Amazon Pickup Point or Locker, click here.

Country/Region

United States

Full name (First and Last name)

Address line 1

Street address, P.O. box, company name, c/o

Address line 2

Apartment, suite, unit, building, floor, etc.

City

State / Province / Region

Zip Code

Phone number

May be used to assist delivery

Add delivery instructions (optional)

Do we need additional instructions to find this address?

Provide details such as building description, a nearby landmark, or other navigation instructions

---

Do we need a security code or a call box number to access this building?

1234

Weekend delivery

⌄ I can receive packages on Saturday and Sunday

Make sure your address is correct

If the address contains typos or other errors, your package may be undeliverable.

Tips for entering addresses | APO/FPO address tips

Add address

住所登録に関しては、以下を参考にしてください。

▪ 住所登録ページの入力項目

Country/Region	国名、地域
Full name (First and Last name)	自分の名前
Address line 1	町名、番地
Address line 2	建物名、マンション名、アパート名、部屋番号
City	市町村
State / Province / Region	都道府県
Zip Code	郵便番号
Phone number	電話番号
Add delivery instructions (optional) Do we need additional instructions to find this address?	配送する住所以外で必要な情報がある場合のみ記入。住所だけで問題なく届くのであれば空欄のままで問題ありません。
Do we need a security code or a call box number to access this building?	海外のオートロックのマンションで、ロックを解除する必要がある場合のみ記入。普通の日本の住宅は空欄のままで問題ありません。
Weekend delivery	週末に配送するか否か

入力が完了したら「Add Address」をクリックして完了です。

配送先住所は、後で追加や変更などもできます。

月収3万円を稼ぐためには、まずは日本のご自宅の住所でOKです。さらに稼ぎたい場合には、後述する「アメリカの転送会社の住所」や、「納品代行会社の住所」を入力します。

なお、海外サイトに日本の住所を登録する際は、順番は逆に入力していきます。

たとえば、「東京都港区青山1-2-3　秀和ビル1階」は「Shuwa Building 1F, 1-2-3, Aoyama, Minato-ku, Tokyo-to」という順序になります。

電話番号に関しては、先頭の0を取って、日本の国番号の「+81」を頭につけてください。

たとえば、「03-1234-5678」は、「+81312345678」となります。

🛒 クレジットカードを登録しよう

商品を購入する際に支払う、クレジットカードの情報を登録します。

Amazon.comのアカウントにログイン後、トップ画面右上の「Hello, ○○○ Account & Lists」をクリックしてください。

- トップ画面

「Ordering and shopping preferences」の欄から「Your Payments」をクリックします。

- 「Ordering and shopping preferences」の欄

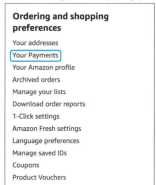

すると「Credit or debit card」という欄にクレジットカードの情報を入力する部分があるので、クレジットカード情報を入れてください。

- クレジットカード情報登録ページ

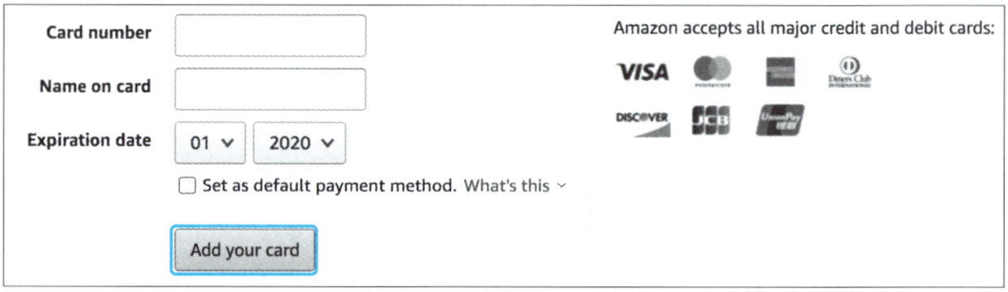

ここでは、以下を参考にしてください。

- クレジットカード情報登録ページの入力項目

Card number	カード番号
Name on card	カード名義人
Expiration date	カードの有効期限

　入力が完了したら「Add your card」をクリックします。

　次の画面で、クレジットカードの請求書住所（Billing address）を選びます。これはクレジットカードに登録してある住所で、請求書が届く住所のことです。クレジットカードの申込書に書いた住所がこの住所になります。

　すでに登録した住所と同じ場合は「Use this address」をクリックしてください。

　異なる場合は「Add an address」をクリックして、次の画面で請求先住所を入力します。「Use this address」をクリックしたら完了です。

商品リサーチを始めよう

儲かる商品とは「需要」と「価格差」がある商品

　出品アカウントと仕入れアカウントの作成が完了したら、いよいよ「商品リサーチ」の実践に入ります。

　「商品リサーチ」とは、儲かる商品を探すことになります。

　それでは、そもそも「儲かる商品」とは何でしょうか？

　私は以下の商品を儲かる商品と呼んでいます。

①売れる商品
②価格差がある商品

　いくら価格差があっても、日本で売れなければ意味がありません。

　逆に、売れていても、価格差がなければ儲けることはできません。

　よって私は、「売れる商品」「価格差がある商品」の両方の基準を満たしているものを儲かる商品と位置づけます。

リサーチの手順は5つ

　Amazon 輸入のリサーチの手順は以下の5つになります。

①輸入商品を探す

　商品リサーチをする上で、そもそも輸入品でなければ輸入販売ができませんので、まずは輸入品を探します。

②売れてるかリサーチする

その輸入品がAmazonで売れている実績がなければ、商品は基本的に売れませんので、過去のデータを取り需要を調べます。

③FBAのライバルの数をチェック

Amazonの大きな特徴は、「1つの商品に対して1つの商品ページしか存在しない」ことです。

すでにAmazon上にある商品ページに出品するため、Amazonにはライバルが存在します。

第1章で書いたFBAのメリットを考えると、基本的にライバルはFBA出品者だけと捉えて大丈夫です。

このライバルの参入者数によって、自分の参入余地があるかないかを考えます。

④価格差があるかリサーチ

売れていて参入余地がある商品だとわかれば、価格差を調べます。

いくら売れていて参入余地があっても、価格差がなければ利益を出すことはできません。

まずは仕入れ先はAmazonアメリカだけで十分ですので、Amazon日本の商品とAmazonアメリカの同一商品で価格差を調べます。

⑤儲かる商品の場合は仕入れ

以上、4つのステップで基準を満たしていれば、仕入れをします。

それでは、これから以上の5つのステップを詳しく説明していきます。

COLUMN 先入観を捨てると稼げる

Amazon輸入で商品リサーチをしていると、自分には興味のないジャンル・商品なども当然あると思います。中には商品説明を読んでも、「この商品はいったい何だろう？」という仕様がわからない商品を見つけることもあると思います。

ここで「わからない商品だからリサーチをしない」「自分が知らないから売れているわけない」と先入観で決めてしまう人は、稼げない人です。たとえ自分が興味のないようなジャンルや商品だったとしても、毛嫌いすることなく、きちんとデータを取ってリサーチすることをお勧めします。

大事なのは、「稼げる商品が、自分が興味のあるものとは限らない」ということです。自分の先入観は捨てて、感情で考えず、常に客観的データを取るようにしてください。

「このジャンルや商品は自分には興味がない」という考えは一度捨てて、世の中の需要を最優先に考えてみるといいです。需要があるならば商品は必ず売れます。

商品知識がないならば、商品を扱っていくうちに後からつけていけばいいだけです。最初から先入観で商品を切っていては、みすみす自分のチャンスを潰しているようなものです。

あなたが輸入転売を始めた目的は何でしょうか？　お金を稼ぐことだと思います。

お金を稼ぐためなら、自分では知識がなくわからない商品や、興味のない商品でもどんどんリサーチをして、本書の儲かる商品の基準を満たしているモノならば躊躇なくどんどん仕入れてみてください。

最初から商品ジャンルを絞るのではなく、色々な商品を幅広く扱ってみる方がいいです。その時は辛かったり、めんどくさかったりするかもしれませんが、利益が出ればリサーチも楽しくなってくるものです。

輸入品を探そう

🔍 キーワードで検索しよう

　Amazon輸入は、基本的には輸入品を扱っていくビジネスです。海外から仕入れられる商品を見つけなければ、輸入販売ができません。

　それなので、まずは日本のAmazonで輸入品を探しましょう。日本のAmazonのトップページの検索窓に「並行輸入」「輸入」「import」「インポート」「海外」「北米」「国名」「日本未発売」等のキーワードを入れて検索してみてください。

　たとえば「輸入」と検索すると、232万2652件がヒットしました。

■「輸入」での検索結果

　すべて見ていくのがいいのですが、最初は数の多さに圧倒されてしまうと思いますので、さらに絞り込んでいきます。まずは左側からカテゴリーを絞ってください。

■カテゴリー

検索結果 2,322,652件中 1-24件 "輸入"

カテゴリ

Kindleストア
　ビジネス・経済

本
　ビジネス・経済
　投資・金融・会社経営
　車・バイク

DVD
　ミュージックDVD
　海外のポップスDVD
　海外のロックDVD

腕時計
　海外ブランドメンズ時計
　国内ブランドメンズ時計
　海外ブランドレディース時計
　時計バンド
　国内ブランドレディース時計

ゲーム
　PS4用アクセサリーキット
　PS3
　PSP

家電&カメラ
　イヤホン・ヘッドホン
　SDメモリカード

スポーツ&アウトドア
　キックボード

パソコン・周辺機器
　モニタアクセサリ
　プリンタ

ホーム&キッチン
　ボディケア・エステ機器
　替刃・洗浄液・アクセサリ

関連サーチ： 並行輸入, 輸入 日本未発売.

PULSE wireless stereo headset Elite Edition (輸入版) ソニー (2012/9/24)

¥ 13,600 ✓プライム

19点在庫あり。ご注文はお早めに。
通常配送無料

こちらからもご購入いただけます
¥ 13,600 新品 (52 出品)

★★★★☆ ▼ (97)

商品の仕様
PULSE wireless stereo headset Elite Edition (輸入版)

家電&カメラ: 全109,352商品を見る

X-Rite 日本語対応版 X-rite i1 DISPLAY PRO 『並行輸入品』 x-rite

¥ 23,400 ✓プライム

10点在庫あり。ご注文はお早めに。
通常配送無料

こちらからもご購入いただけます
¥ 23,400 新品 (21 出品)

★★★★☆ ▼ (23)

家電&カメラ: 全109,352商品を見る

「おもちゃ」のカテゴリーに絞ると、25万6372件になりました。「輸入品」の「おもちゃ」が25万6372件あるということです。

■「おもちゃ」のカテゴリーに絞った結果

さらに、左側から価格帯を絞っていくと、もっと絞ることができます。

価格が高い商品の方が、利幅は大きく取れますので、必要に応じてフィルターをかけてみてください。

■価格帯

さらに右上から、「おすすめ商品」「価格の安い順番」「価格の高い順番」「レビューの評価順」「最新商品」と並べ替えることもできます。アマゾンおすすめ商品順にした場合、売れ筋商品をすぐに見つけることも可能です。

■並べ替えメニュー

アマゾンおすすめ商品
価格の安い順番
価格の高い順番
レビューの評価順
最新商品

🛒 輸入品を扱ってるセラーを探そう

以上のようにキーワードで検索すれば輸入品は簡単に見つかりますが、もっと効率の良い方法もあります。

それは、輸入品を扱っている出品者（セラー）を探すことです。

どういうことかというと、輸入品を扱っているセラーが、すでに出品している商品をリサーチしていくのです。

セラーが出品している商品は、私たちも同じように輸入できる可能性が高い商品です。そこで、すでに輸入販売をしているセラーと同じ商品を仕入れて稼ぐのです。

このように、Amazon輸入で儲かっているセラーを探して真似することが、もっとも効率良く稼ぐ方法です。

では、Amazonで他のセラーが出品している商品をどのように検索すればいいのでしょうか？

FBAに在庫を持っている出品者（FBAセラー）が出品している全商品を調べるには、「輸入」というキーワードで検索した商品のページから、「新品の出品」をクリックしてください。

■商品のページ

　すると、セラー一覧ページが表示されます。前章で説明したようにここで「Prime」というロゴが入っていて、「Amazon.co.jp配送センターより発送されます」という文字が入っているのがFBAセラーです。

■出品者一覧ページ

　さらに、出品者一覧ページの「店舗名」をクリックすると、その出品者が出品している全商品を一覧で見ることができます。

■ 出品している商品の一覧ページ

　輸入商品を1つでも扱ってるセラーは、Amazon輸入を実践しているセラーです。他の商品もすべてリサーチしていきましょう。

　さらに、「他の商品に出品している、別のセラーの出品商品を調べる」ということを、連鎖的に行っていけば、輸入品は無限に探せます。

　キーワードで検索するよりも、実は輸入品を扱ってるセラーの商品をリサーチする方が、色々な商品を見れますので効率的です。

　他のセラーが売れると判断してFBAに在庫を持っている商品は、儲かる商品である可能性が高いです。

　Amazon輸入で最速で結果を出す方法としては、すでにセラーが扱っている商品ページに、相乗り出品の形で出品するのがいいです。

　すでに存在するページなので、過去のデータも取りやすいですし、検索でも上位表示されるので、売れるまでのタイムラグも極力減らすことができます。

　儲かってるセラーの真似をして、相乗り出品するのが、Amazon輸入で結果を出す王道です。

　優良セラーとは、あなたが真似をできるセラーです。どんどん真似できるセラーを探していきましょう。

また、真似できるセラーを見つけたら、ストアページのURLを、Excel上でリストにして管理しておきましょう。今後も儲かる商品を出品する可能性が高いので、1回だけでなく、後々もマークしていけばリサーチの効率は格段に高まっていくでしょう。

最初は徹底的に他のセラーの真似をしてコツをつかんでください（セラーリサーチに関して、さらに詳しく知りたい場合は、186ページを参照してください）。

COLUMN 並行輸入品とは何か？

輸入品には、「正規輸入品」と「並行輸入品」の2種類があります。

「正規輸入品」と「並行輸入品」の定義について、Amazonは次のようにいっています。

- 正規輸入品……日本の正規輸入代理店の提供する国内保証が有効で、修理や問い合わせ等いかなるサービスにおいても差別を受けない商品
- 並行輸入品……海外メーカーが認める日本国内の正規輸入代理店以外を通じて国内に輸入された商品

少し難しいですが、簡単にいうと「海外メーカーが認める日本正規代理店を通しているか、通していないか」の違いだと思っていただいて大丈夫です。

たとえばAppleの正規輸入品と並行輸入品を例にしてみます。

Appleの本社はアメリカにあります。日本法人の「アップルジャパン」が輸入し販売している商品は「正規輸入品」になります。アメリカ現地にあるApple直営店や取扱店、海外のインターネットで販売されている商品を購入して日本に輸入した商品が「並行輸入品」になります。

したがって、Amazon輸入ビジネスで、海外のAmazonから仕入れる商品は並行輸入品になります。

■正規輸入品と並行輸入品

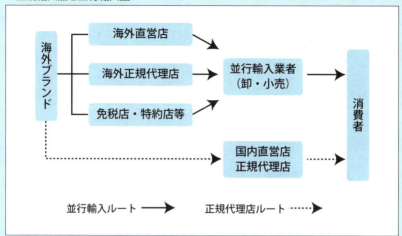

　もちろん、正規代理店を通してないから輸入してはいけないというわけではありません。並行輸入品は合法な輸入形態です。Amazon も並行輸入品を推奨していて、並行輸入品ストアが開設されているほどです。
　Amazon が現在力を入れているので、今後も並行輸入品ストアは拡大されていくことが予想できます。

■並行輸入品ストア

ただし、Amazonのサイトに並行輸入品を出品する際には、正規輸入品とは異なるページに出品する必要があります。また、並行輸入品の場合、正規輸入品と区別するため、商品名に「並行輸入品」と明記されている必要がありますので注意が必要です。

■並行輸入品の商品ページ

　Amazon輸入をスタートするなら、最初はこの並行輸入という形態で輸入販売をするのがお勧めです。
　なぜなら、正規輸入代理店は1商品を大量に卸し、国内保証のサービスをつけなければならないので敷居が高いからです。並行輸入の場合は、様々な種類の商品を、少数ずつ扱うことができるので、リスク分散になります。よって、小資本の個人でも簡単に参入できるメリットがあります。

売れているか調べよう

需要を調べる方法はAmazonランキングの変動を見ること

輸入品が見つかったら、それが売れているかどうかを調べます。これはAmazonのベストセラー商品ランキングの数字を見ればすぐにわかります。

Amazonにはベストセラー商品ランキングというものがあり、各カテゴリーごとに売れている順に、順位がついているのです。この順位は、商品ページの登録情報の欄の「Amazonベストセラー商品ランキング」に記載があります。

■ 商品ページの登録情報欄

登録情報	
ASIN	B005FLTP3M
おすすめ度	★★★★★ ☑ 2件のカスタマーレビュー 5つ星のうち 5.0
Amazon ベストセラー商品ランキング	家電・カメラ - 15,797位 (ベストセラーを見る) 585位 ― 家電・カメラ > オーディオ > イヤホン・ヘッドホン 1467位 ― 家電・カメラ > オーディオ > ポータブルオーディオ 1995位 ― 家電・カメラ > アクセサリ・サプライ > AVアクセサリ
発送重量	454 g
Amazon.co.jp での取り扱い開始日	2014/1/25

「Amazonベストセラー商品ランキング」は様々な要素で決まっていますが、基本的には、「1時間に一度、商品が何個売れたか」で計算されています。つまり1時間ごとにランキングが更新されているということです。

しかし、1時間に一度、商品のランキングをいちいち確認するのは骨の折れる作業になります。

そこで、その順位の変動が一目で確認できるサイトがあります。私は日本

で売れているか確かめる時は、以下のツールを使っています。

- Keepa（キーパ）　https://keepa.com/

　以前は、プライスチェックやモノレートが有名でしたが、共にサービス終了になってしまいました。長年親しまれたツールが終了になったため、Amazon輸入ビジネスのライバルが減ることも予想されます。逆にチャンスととらえて、新しい方法を学んでいきましょう。

- Keepa

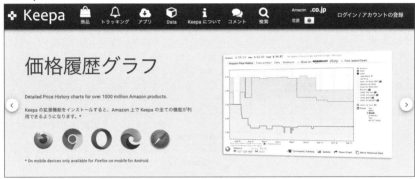

Keepaには2つの使い方がある

　KeepaはAmazonでのランキング変動、売れ行き、価格推移、出品者数などをチェックできます。その他にも、242ページで説明しますが、トラッキング機能（世界中のAmazonで、設定した価格まで商品が値下がりした時に通知してくれる便利な機能）もあります。

　Keepaには2つの使い方があります。

- Keepaのサイト（https://keepa.com/）にログインして使う方法
- Google Chromeなどの拡張機能で使う方法

2つとも機能は基本的に同じです。ただGoogle Chromeの拡張機能を使うと、Amazon上で表示されて非常に便利なので、本書では拡張機能で使う方法を解説します。

KeepaのGoogle Chromeの拡張機能の導入方法

まずは、Google Chromeでchromeウェブストアを検索して表示してください（Google Chromeのインストール方法は、149ページをご参照ください）。

- chromeウェブストア

chromeウェブストアの左上の「ストアを検索」の検索窓から「Keepa」を検索して、選択後の画面で、「Chromeに追加」ボタンを押してください。

- Keepaの追加

これでKeepaがGoogle Chromeにインストールされました。

Keepaが正常にインストールされると、以下のようなグラフがAmazon上で表示されるようになります。

■ Amazon上の表示

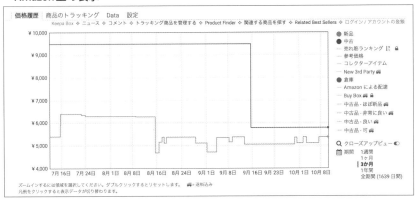

🛒 Keepa無料版ではすべての機能は使えない

これでKeepaがGoogle Chromeにインストールされたわけですが、この時点ではまだKeepaは無料版の状態となっています。

Keepaには、現在は無料版と有料版があり、残念ながら無料のままだと肝心のAmazonでのランキング変動、出品者数の変動などは表示されません。

Keepaを有料化すると、Amazon上で需要がわかり、リサーチが圧倒的に速くなるので、有料化した方が効率的です。お金がかかるということで躊躇する人もいるかもしれませんが、Keepaは有料版に登録しても1ヶ月の利用料金はクレジットカード決済でたった15ユーロ（日本円で1800円程）となります。これからAmazon輸入で稼げる金額を考えたら、この程度の投資はすぐに元が取れるのではないでしょうか。

仕事を効率化できることによって、投資した金額以上のリターンが見込めるなら、そうした投資を惜しむべきではない。そういう考え方も、ビジネスで成功するための原則の1つです。

🛒 まずは無料アカウントを登録しよう

　Keepa有料版登録の前に、まずはサイト上から無料アカウント登録をします。

　Keepaのトップページ右上にある、「ログイン/アカウント登録」からアカウントを作成しましょう。

▪ Keepaのトップページ

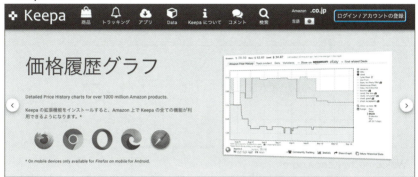

　「ユーザー名」「パスワード」「メールアドレス」を入力して「アカウント登録」をクリックします。

▪ アカウント登録

以下の表示になり、先ほど入力したメールアドレスにKeepaのアカウント登録確認メールが届きます。

- メールアドレス確認

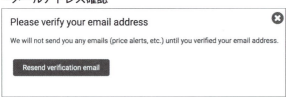

　以下のようなメールが届きますので、URLをクリックします。

- メール文面

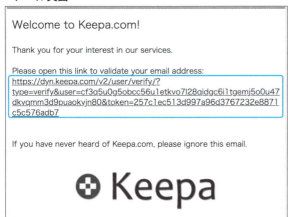

　Keepaのサイト上で以下のような表示になれば、無料アカウント登録完了です。

▪無料アカウント登録完了

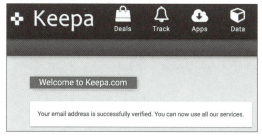

アカウント登録に成功すると、右上にニックネームが表示されます。

▪ニックネーム表示

　初期設定だと英語表記になっている可能性があるので、右上の「Amazon.com」「アメリカ国旗」が表示されている箇所をクリックして、表示されたポップアップメニューから「.jp」と「日の丸国旗」をクリックすると、Amazon.co.jpが表示され、日本語表記に変更できます。

▪国と言語の変更

🛒 Keepaを有料化する方法

次に有料版登録手順を説明します。

Keepaにログインした状態で、トップページの右上の「ユーザー名」をクリックし、表れたメニューから「サブスクリプション」をクリックします。

- トップページの右上

「Provides access to all features of the Data section」をクリックします。

- サブスクリプションページ

支払い画面が出てくるので、カード情報を入力して決済します。それぞれ
の項目の意味は以下の通りです。

① 「Individual」（個人）か「Business」（法人）か、どちらで登録するか選択します。
　　どちらで登録した場合でも機能は同じですので、Individual（個人）で大丈夫で
　　す。
② 「Full name」には名前を英字で入力します。
③ 「Address」には住所を英字で入力します。英語の場合は住所表記の順番が日本
　　語とは逆からになりますので、部屋番号、番地、町名の順番で入力します。
④ 「City」には市町村名を入力します。
⑤ 「Postal code」には郵便番号を入力します。
⑥ 「Credit Card」にはクレジットカード情報を入力します。
⑦ 「Coupon cord」には、クーポンコードがあれば入力します。
⑧ 月払いか年払いを選択します。「15€/Month」は月額15ユーロ（約1800円）、
　　「149€/Year」は年額149ユーロ（約1万8000円）なので、年払いの方が月間300
　　円程度安くなります。
⑨ 「I have read and access the Term and Conditions.」はKeepaの利用規約に同意
　　したことを示すチェックボックスですので、必ずチェックを入れてください。
⑩ すべての項目を入力したら、最後に「SUBSCRIBE NOW」をクリックします。

- 支払い画面

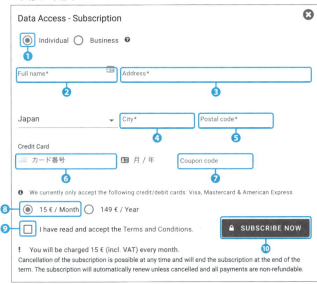

「Thank you for subscribing!」の画面が出れば成功です。

- Thank you for subscribing!ページ

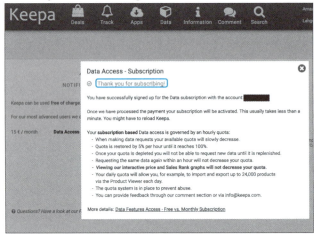

🛒 Keepaの「売れ筋ランキング」グラフの見方

Keepaが正常に有料化されると、以下のようなグラフがAmazon上で表示されるようになります。

- Keepaグラフ

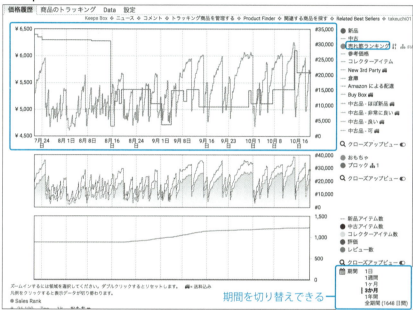

日本で売れているか、需要を確かめる時は、一番上のグラフの緑色の線で表示されている「売れ筋ランキング」をチェックします。下に行くほどランキングが上がりますので、グラフが下がってる数が多いほど、Amazonで売れているという判断ができます。後で説明しますが、右下にあるタブの切り替えで、「1日」「1週間」「1ヶ月」「3ヶ月」「1年間」「全期間」とデータを取ることもできます。

直近1ヶ月に絞った次のグラフの場合、12回上昇していますので、約12個売れたと予測ができます。

▪ 直近1ヶ月にデータを絞ったグラフ

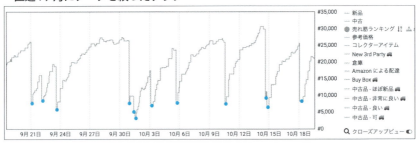

　ただし、この個数はおおまかなデータでしかありません。ランキングは1時間に一度、商品が何個売れたかで計算されていますが、Keepaの場合だと1日に1度しかデータが取得されていないからです。具体的に売れた個数ではなく、あくまでランキングの変動を見るためのものだと思ってください。ランキング上位で、かなり売れているものだと、1回の上昇で何個も売れている商品もありますし、上下しすぎてて変動がわからないものもあります。

　また、「他の商品が売れなくなってきた」など、他の商品との兼ね合いで、ランキングが多少上下する場合もありますので、そのあたりは注意してください。

その他のKeepaのグラフの詳細な見方

　Keepaを有料版にすると、以下のように大きく分けて3つのグラフが活用できるようになります。

- **Keepa有料版のグラフ**

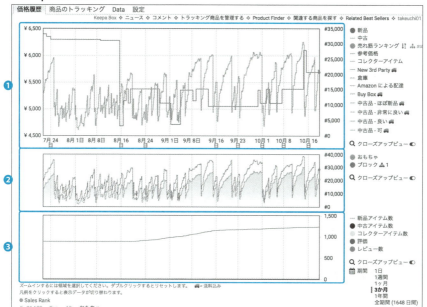

　各グラフでは、右側にある項目をクリックすることで、その項目の表示、非表示を選択することができます。

　一番上のグラフ❶の表示可能項目は、次の通りです。

- Amazon……Amazon本体の価格推移を表します。オレンジ色のグラフで表示されます。過去にAmazon本体が1度も販売していない場合は、表示がありません。
- 新品……新品出品者の最安値価格推移を表します。紫色のグラフで表示されます。
- 中古……中古出品者の最安値価格推移を表します。黒色のグラフで表示されます。
- 売れ筋ランキング……Amazonの大カテゴリーのランキング推移を表します。緑色のグラフで表示されます。グラフの上下で、Amazonの需要が判断ができます。
- 参考価格……定価を表します。
- New 3rd Party……送料込み・新品・自己発送の最安値価格推移を表します。青色の四角で表示されます。

- Amazonによる配達……送料込み・新品・FBAの最安値価格推移を表します。オレンジ色の三角で表示されます。

- Buy Box……カートボックス価格の推移を表します。ピンク色のグラフで表示されます。私はこの推移をよく参考にします。

- 中古品 - ほぼ新品……中古品 - ほぼ新品の商品の最安値価格推移を表します。黒色の丸で表示されます。

- 中古品 - 非常に良い……中古品 - 非常に良いの商品の最安値価格推移を表します。緑色の四角で表示されます。

- 中古品 - 良い……中古品 - 良いの商品の最安値価格推移を表します。茶色で表示されます。

- 中古品 - 可……中古品 - 可の商品の最安値価格推移を表します。灰色で表示されます。

- 一番上のグラフの表示可能項目

- Amazon
- 新品
- 中古
- 売れ筋ランキング ↓⁹₁ ⛬ sub-ra.
- 参考価格
- New 3rd Party 🚚
- 倉庫
- Amazon による配達
- Buy Box 🚚
- 中古品 - ほぼ新品 🚚
- 中古品 - 非常に良い 🚚
- 中古品 - 良い 🚚
- 中古品 - 可 🚚

- Q クローズアップビュー ◉

真ん中のグラフ❷の表示可能項目は、次の通りです。

- 大カテゴリー、小カテゴリー……大カテゴリー、小カテゴリーのAmazonランキング変動を表します。緑色のグラフで表示されます。あまり使わないです。

▪ 真ん中のグラフの表示可能項目

```
● おもちゃ
● ブロック 👥1
🔍 クローズアップビュー ◖
```

一番下のグラフ❸の表示可能項目は、次の通りです。

- 新品アイテム数……新品出品者数の推移を表します。紫色のグラフで表示されます。
- 中古アイテム数……中古出品者数の推移を表します。黒色のグラフで表示されます。
- コレクターアイテム数……コレクター出品者数の推移を表します。水色のグラフで表示されます。
- 評価……カスタマーレビューの5つ星のうちの評価率の推移を表します。緑色のグラフで表示されます。
- レビュー数……商品レビューの数の推移を表します。黄緑色のグラフで表示されます。

▪ 一番下のグラフの表示可能項目

```
— 新品アイテム数
● 中古アイテム数
◉ コレクターアイテム数
● 評価
— レビュー数
```

🛒 グラフの表示期間の切り替え方

右下にあるタブの切り替えで、「1日」「1週間」「1ヶ月」「3ヶ月」「1年間」「全期間」とデータを取ることもできます。長期に亘って需要を観測できますので、とても便利です。

たとえば、季節商品の需要を調べたい場合は、1年前のデータを見ることで、今年の需要もある程度予測ができるようになります。

- Keepaの右下にあるタブ

　グラフの任意の期間をカーソルで選ぶことで、その期間の拡大表示もできます。

- 任意の期間の選択

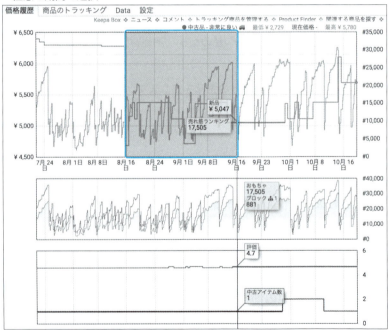

　上の画像の青枠部分の期間を拡大表示したグラフです。

- 拡大表示したグラフ

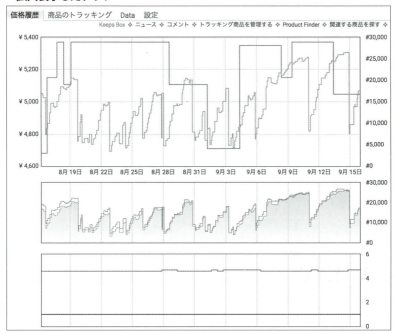

ダブルクリックすると元の表示に戻ります。

🛒 Keepaの便利な機能

　事前にKeepaで設定しておくことで、Amazonで商品にカーソルを合わせるだけで、画面右下にグラフを表示させることができます。これにより、一つ一つの商品ページに飛ばなくても、Amazon本体が扱ってるか、どれくらい売れてるかなどを把握することが可能です。

▪ グラフ表示

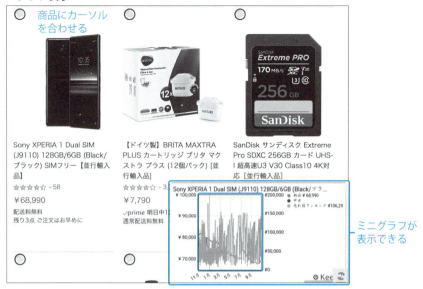

　この表示をしたい場合は、グラフ上部のタブから「設定」をクリックし、「Amazonの商品の上にマウスを置いた時、価格の履歴グラフを表示する」で「はい」をチェックしておきます。

Keepaに月間販売個数を表示する拡張機能のキーゾンを使おう

　キーゾン（Keezon）は、Keepaの有料版に月間販売個数を表示する機能を追加する、Google Chromeの拡張機能です。

　キーゾンを使うには、Keepaを導入した時と同じように、まずchromeウェブストアから「キーゾン」を検索します。そして、選択後の画面で、「Chromeに追加」ボタンを押してください。

- chrome ウェブストア

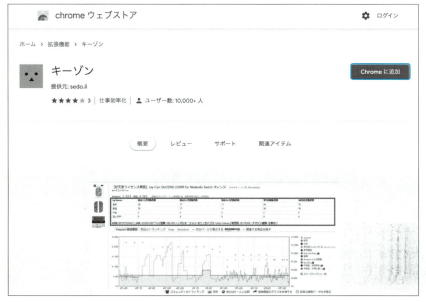

　キーゾンがGoogle Chromeにインストールされると、Google Chromeの右上にキーゾンのアイコンが追加されます。

- キーゾンのアイコン

　ただし、キーゾンはインストールするだけでは使えませんので、初期設定をしておきましょう。
　キーゾンのアイコンを右クリックし、「オプション」を選択します。

▪ アイコンの右クリックメニュー

　オプションの設定画面が表示されるので、「Keepa APIキー」と「順位フィルター」を入力し、「設定を保存する」ボタンを押して保存してください。

▪ オプションの設定画面

　なお、Keepa APIキーは、Keepa有料版登録後に、Keepaのサイトで取得できます。Keepaのサイトのトップページ→上段のタブで「アプリ」を選択→その下の「Keepa API」を選択すると、以下のような画面が表示されます。青枠部分がKeepa APIキーですので、コピペしてキーゾンのオプション設定画面に入力しましょう。

- **Keepa APIキー**

また「順位フィルター」は、「ランキングが何％上昇した場合に販売個数としてカウントするか」を設定するものとなります。とりあえずは、デフォルトの5％で問題ないです。使いながら、ランキングやカテゴリーによって、必要に応じて調整していきましょう。

設定が完了したら、Keepaが表示されている商品ページにアクセスしてください。以下の画面のように月間販売個数が表示されます。

- **商品ページでの表示**

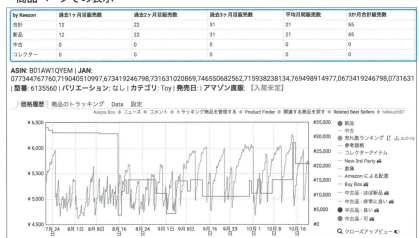

「新品」「中古」「コレクター」ごとに、「直近1ヶ月目」（本日から1ヶ月前の日付まで）「直近2ヶ月目」（1ヶ月前の日付～2ヶ月前の日付まで）「直近3ヶ月目」（2ヶ月前の日付～3ヶ月前の日付まで）「平均値」「3ヶ月合計販売数」の数値が表示されます。

ただし、あくまでツールは参考程度にした方がいいです。キーゾンの販売個数データは正確に合っていないこともあるので、ツールを信じすぎないことが大事です。キーゾンで平均月間販売個数が100個となっていても、実際には500個売れている商品もあります。ランキングが高く、よく売れている商品ほど、実際に売れている数より低くデータ表示されるケースが多いです。

こうしたツールを利用して、「○カテゴリーで○位だから○個くらい売れている」というのがだいたいわかるようになれば、カテゴリーとランキングを見ただけで、ある程度の需要が把握できるようになります（Amazonベストセラー商品ランキングに関してさらに詳しく知りたい場合は197ページを参照してください）。

🛒 他にもある需要を調べるツール

基本的にはKeepaが優秀なのでお勧めしますが、こうしたツールは常に変化するものです。プライスチェックやモノレートが使えなくなったように、Keepaも近い将来使用できなくなる可能性がありますので、他の需要を調べるツールも紹介します。

・セラースプライト（Webサイト・Google Chrome 張機能／無料・有料プラン）
https://www.sellersprite.com/jp/
中国製のツールです。Keepaとは違った形で、Amazonでのキーワードの検索数や商品の販売数を調べることができます。中国輸入や国内OEMなど、自分の商品を作ってAmazonで販売する人向けのツールです。

- **在庫チェッカー（Webツール／有料）** https://zaikochecker.jp/

　在庫の定点観測を自動でやってくれるツールになります。一般販売はしていないツールで、著者のサイトで定期的に紹介をしています。

　もちろん、いずれのツールもいずれ使用できなくなる可能性がありますので、代替ツールの最新情報は著者のサイトをチェックしていただけると幸いです。

　時代によって使うツールは変わりますが、本書でお伝えするAmazonの需要を調べる原理原則を理解すれば、どのツールにも対応することが可能です。

🛒 もっと正確に調べるなら、ライバルセラーの在庫数をチェックしよう

　ランキング変動グラフで調べると、「いくらで販売されたか」「何個売れているか」のデータは、ざっくりとしかわかりません。そこで、より確実なデータを取得する方法が、ライバルセラーの在庫変動を確認する方法です。

　たとえば、販売価格1万8000円の商品を「3個」持っていたセラーがいたとして、3日後に「1個」に減っていたとしたら、3日間で1万8000円の価格で「2個」売れたことがわかります。

　どのように在庫数を調べるのかというと、調べたいセラーの商品をショッピングカートに入れ、「カートの商品を変更する」をクリックします。

■ショッピングカートに入れた時の表示

　すると、下のように赤字で「〇点在庫あり」と、在庫数が表示されます（在

庫数が20個以下の場合は、ショッピングカートに入れた時点でわかる商品もあります)。

■ 在庫数の表示

　もし在庫数が表示されない場合は、数量100個などと大きな数字を入れて、更新ボタンをクリックすると、登録在庫数が表示されます。
　100個と入力しても数量が変わらない場合は、10個→20個→30個と少しずつ個数を増やしていけば、あるところで在庫数が出てきます。

■ 在庫が表示されない商品の例

■ 数量を多くした時の表示

　なお、セラーを1人ずつ調べるのは非効率なので、複数のセラーの商品をまとめてショッピングカートに入れてください。その場合は、「カートの商品

を変更する」をクリックせずに、一人一人前画面に戻ります。

　それを繰り返し、まとめて「カートの商品を変更する」をクリックしてください。

　在庫数が表示されていないセラーは、数量100個などと大きな数字を入れて、更新ボタンをクリックしてください。

■複数のセラーの商品をまとめてショッピングカートに

🛒 Keepaの在庫チェック機能を使おう

　Keepaの在庫チェック機能を使うと、面倒なセラーの在庫チェックが簡単にできるようになります。

　Amazonの出品者一覧の部分が次のようになり、正確な在庫数を知ることができます。

■ Amazonの出品者一覧

新品 **¥7,990**	無料配送　**1月16日 木曜日**にお届け （13 時間 12 分以内にご注文の場合） 詳細を見る	カートに追加する
コンディション	【新品/未開封】新品の商品です。輸送時にキズすれ等つく場合がありますが問題ありません 商品の問い合わせ等はメーカーにお問い合わせください	
出荷元	Amazon	
販売元	★★★★☆（188件の評価） 過去12か月間で92%が肯定的	
Stock	14 (Revealed by ✦ Keepa)	

新品 **¥8,480**	無料配送　**1月16日 木曜日**にお届け （13 時間 12 分以内にご注文の場合） 詳細を見る	S SellerSprite
出荷元	Amazon	
販売元	★★★★★（345件の評価） 過去12か月間で100%が肯定的	
Stock	1 (Revealed by ✦ Keepa)	

　このようにして在庫数を把握しておくと、その商品が「いくらで販売されたか」「何個売れているか」を把握することができますので、仕入れても売れないというリスクを減らすことができます。

　グラフ変動だけでは不安な方は、最初は在庫チェックをしてみるといいです。

　ただし、調べたセラーがAmazon以外の販路でも販売していて、そちらで売れたために在庫数が減ったという可能性も考えられます。また、単純に出品を取り下げたという場合もありますので、在庫チェックでもやはり100%正確なデータは取れないという点は注意してください。

　在庫チェックというのは、あくまで他人のデータを取ることですので、100%正確なデータを取りたい場合は、実際に自分で仕入れて販売してみるのが一番です。実際に自分で仕入れて自分で販売した結果得られたデータは、何よりも確実な「自分だけのデータ」になります。

ライバルの数をチェックしよう

大事なのは需要と供給のバランス

　商品が売れているとわかったら、次にライバルの数を調べて、自分が参入できるかどうかリサーチします。

　基本的にライバルはFBAセラーだけと考えていいです。

　ここで大事なことは、需要と供給のバランスをしっかりリサーチすることです。

　需要とは、先ほどお伝えした「売れている個数」です。

　供給とは、「FBAセラーの数」です。

　今のAmazon輸入は、円安で参入者が減っているとはいえ、以前から情報はかなり出回ってるだけに、実践者が多いのは事実です。それなので、FBAセラーが多く、供給過多になっている商品も存在します。

　たとえば、1ヶ月に3個売れている商品があったとして、FBAセラーが5人出品していたとしたら、ライバルが多いということになります。

　1ヶ月に50個売れるものであれば、20人〜30人FBAセラーがいても、私ならライバルは少ないと考えます。つまり、Amazonのランキングを見て1ヶ月の売れる個数を予測し、同時にFBA出品者の人数をチェックすることで、需要と供給のバランスをリサーチするのです。需要と供給がすぐにわかることも、Amazonの魅力の1つだと私は考えます。

　ただし、ランキングが高くて需要が多いと、商品の回転が速いためにライバルがすぐに減ることもありますので、そのあたりは経験が必要になります。

Keepaで過去のライバルの数もチェックしよう

　先ほどの、Keepaの3つ目のグラフを使えば、おおまかな過去の新品出品者数もわかります。

　残念ながら、この数字はFBAセラーの数ではなく「(新品で出品している)全体セラー数」になります。しかし、おおまかなセラー数の推移はわかります。

　こちらも、右下にあるタブの切り替えで、「1日」「1週間」「1ヶ月」「3ヶ月」「1年間」「全期間」とデータを取ることができます。

　現在の出品者だけでなく、過去の出品者数も調べることにより、リサーチの精度を上げていってください。

▪ Keepaのグラフ

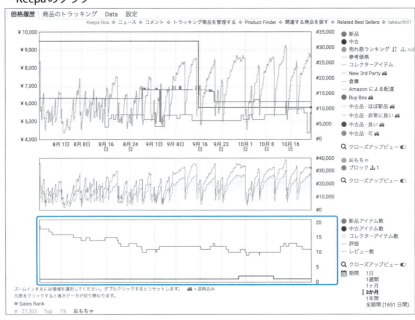

　また、キーゾンを導入すると、Amazon商品ページの青枠で囲った位置に、Keepaのミニグラフが表示されるようになります。こちらをクリックすると、

Keepaサイトの商品ページに移動することができます。

- **Keepaのミニグラフ**

　Keepaサイトの商品ページでは以下のように、ランキング変動、新品出品者数をグラフだけでなく、数値で見ることもできます。

- **サイト上では数値のグラフを見られる**

調査日	ランキング	新品出品者数
2020-10-05 23:14	12476	10
2020-10-05 20:24	10914	10
2020-10-05 15:54	**7744**	9
2020-10-05 14:50	23684	9
2020-10-05 10:00	23586	10
2020-10-05 06:08	24125	10
2020-10-04 21:36	21091	10
2020-10-04 16:26	18790	10
2020-10-04 13:22	18463	10
2020-10-04 07:16	18400	10
2020-10-04 02:08	18276	10
2020-10-03 20:00	14496	10
2020-10-03 17:18	13320	10
2020-10-03 14:22	11762	10
2020-10-03 12:56	9989	10
2020-10-03 09:12	8240	10
2020-10-03 02:52	**6960**	10
2020-10-03 00:12	17455	10
2020-10-02 19:52	15577	10
2020-10-02 16:20	13759	10
2020-10-02 14:02	12839	10

🛒 出品者が急激に減っている商品には注意

なお、リサーチ時に、以下のような商品があった場合には注意してください。

- 過去に売れていたが、現在ではFBA出品者がいない商品
- 過去に出品者が激減している時期がある商品

このような商品は法律上の規制（コラム参照）により、セラーが出品停止になった可能性があります。

たとえば以下の商品だと、8人いた出品者が、1日で2人に激減している日があります。過去に売れていましたが、出品者がまったくいなくなっていますので、怪しいと考えた方がいいでしょう。

■出品者が急激に減っている商品

2014/05/26 18h	28228	0	
2014/05/25 18h	20320	0	
2014/05/24 18h	15055	0	
2014/05/23 18h	29257	2	¥3655
2014/05/21 18h	16061	2	¥3655
2014/05/20 18h	32608	2	¥3655
2014/05/19 18h	23412	2	¥3655
2014/05/18 18h	8448	2	¥3655
2014/05/17 18h	37609	2	¥3655
2014/05/15 20h	28178	3	¥3655
2014/05/13 19h	11298	3	¥3655
2014/05/12 19h	3694	2	¥3655
2014/05/11 19h	20597	8	¥3655
2014/05/10 19h	7552	7	¥7499
2014/05/09 19h	6343	8	¥6800
2014/05/08 19h	14113	9	¥7499
2014/05/07 19h	22424	9	¥7499
2014/05/06 19h	13270	9	¥7499
2014/05/05 19h	17507	10	¥7500
2014/05/04 19h	23118	11	¥7500
2014/05/02 21h	10829	11	¥3655

COLUMN 「輸入規制商品」と「輸入禁止商品」について

　私はクライアントから必ずといっていいほど、法律関連の質問を受けます。輸入ビジネスには様々な法律が関わってきます。特に本文でも触れた通り、「輸入規制商品」と「輸入禁止商品」については注意が必要です。

　輸入規制商品というのは、輸入自体は禁止されていないけれど、販売には許認可が必要な商品のことです。輸入規制商品に関する法律には、以下のようなものがありますので、該当する商品はきちんと法的手続きを踏んだ上で仕入れ販売するようにしてください。

①食品衛生法 (所管省庁：厚生労働省)

　飲食によって生じる危害の発生を防ぐための法律です。

　食品の輸入販売は基本的に食品衛生法に抵触します。また、食品だけでなく、実は口に触れる商品も該当します。たとえば、食器や調理器具、乳幼児用のおもちゃなどです。6歳未満の乳幼児を対象としたおもちゃも、乳幼児はおもちゃを口に入れる可能性がありますので、販売目的の場合は厚生労働省から規制を受けることになります。

　ただ、欧米から輸入する食器等は、通関前に「食品等輸入届出書」という書類を提出するだけで簡単に許可が下りる場合もあります。私のクライアントでも、「とりあえず書いて提出したら通った」という方もいましたので、書類提出をしてみるのも手です。

②電気用品安全法 (通称「電安法」) (所管省庁：経済産業省)

　電気用品の安全確保について定められている法律です。

　コンセントから電気を通す電化製品の輸入品は、PSEマークを取得せずに販売すると法律違反になります。海外の製品の場合、日本の製品と電圧が違う場合があるので、電圧を日本仕様に変え、PSEマークを取得してから使わないと、製品が故障したり、出火する場合もあります。

　このような場合、販売者が責任を負うことになりますので注意が必要です。

　電気用品安全法対象の商品をAmazonに出品していると、経済産業省や正規店から連絡がいったり、Amazonからの出品停止と警告、最悪の場合はアカウント停止というリスクもあります。出品しているセラーもいるので、「他のセラーが出品しているし、大丈夫だろう」と思って仕入れ出品すると、出品取り下げになり、在庫を抱えることになりかねません。

こういった商品で稼ぎたい場合は、PSEマークを取得してから販売するようにしてください（ただし、費用や時間がかかりますので、初心者の方は扱わないことをお勧めします）。

■PSEマーク

③電波法（所管省庁：総務省）
　無線通信を行う機器に関わる法律です。
　たとえば、Bluetooth機器、トランシーバー、携帯電話などの無線通信を行う機器が該当します。こういった商品を販売するためには、電波法令の技術基準に適合していることを登録証明機関から認証される必要があります。その手続きを技術基準適合証明（通称「技適」）といいます。技適マークが付いていない無線機を使用すると、電波法違反になる場合があります。

■技適マーク

④薬事法（所管省庁：厚生労働省）
　医薬品、化粧品、医療器具等に関する法律です。
　一見すると医療器具には見えなくても、法律に抵触する場合がありますので、注意してください。たとえば、家庭用脱毛器や電気マッサージ器、血圧や心拍を測るような機器なども医療器具と判断される場合があります。
　また、一般の個人は医家向け医療機具の輸入はできません。販売だけでなく、輸入自体が不可になりますので注意が必要です。

　一方、輸入禁止商品というのは、関税法で輸入自体が禁止されている商品のことです。具体的には、以下のものが該当します。

①麻薬、向精神薬、大麻、あへん、けしがら、覚せい剤およびあへん吸煙具

②けん銃、小銃、機関銃、砲、これらの銃砲弾およびけん銃部品

③爆発物

④火薬類

⑤化学兵器の禁止および特定物質の規制等に関する法律第2条第3項に規定する特定物質

⑥感染症の予防および感染症の患者に対する医療に関する法律第6条第20項に規定する一種病原体など、および同条第21項に規定する二種病原体等

⑦貨幣、紙幣、銀行券、印紙、郵便切手または有価証券の偽造品、変造品、模造品および偽造カード（生カードを含む）

⑧公安または風俗を害すべき書籍、図画、彫刻物その他の物品

⑨児童ポルノ

⑩特許権、実用新案権、意匠権、商標権、著作権、著作隣接権、回路配置利用権または育成者権を侵害する物品

⑪不正競争防止法第2条第1項第1号から第3号までに掲げる行為を組成する物品

　なお、上記の他に薬事法、植物防疫法、家畜伝染病予防法においても輸入が禁止されているものがあります。たとえば、薬事法では原則的に輸入が禁止されている「指定薬物」を含むにもかかわらず、いわゆる「合法ハーブ」などと称する薬物（危険ドラッグ）がありますので、ご注意ください。

　輸入禁止商品や輸入規制商品の判断ができない場合は、税関や関連省庁の担当部署に直接電話して聞くのが、確実な情報を聞き出せますし一番早いです。

• 税関　http://www.customs.go.jp/mizugiwa/kinshi.htm

　または、以下のような専門機関に電話で質問・相談をしてみるのもお勧めです。その他にも貿易関連で不明なことがあれば相談することも可能です。

• ジェトロ（日本貿易振興機構）　　　　http://www.jetro.go.jp/indexj.html
• ミプロ（対日貿易投資交流促進協会）　http://www.mipro.or.jp/

SECTION 9 日米で同一商品を探そう

ASINコードで検索しよう

次は、Amazonアメリカで価格差があるか調べます。

ここで、当然ですが、価格差を調べる前に、Amazon日本とAmazonアメリカで同一商品を見つけなければいけません。

では、どのようにすればいいのでしょうか？

実はAmazonには、「ASINコード」という独自の商品コードが存在します。ASINは「Amazon Standard Identification Number」の略で、世界中のAmazonグループが取り扱う、書籍以外の商品を識別する10桁の番号です。CD、DVD、ビデオ、ソフトウェア、ゲームなど、書籍以外の商品には、すべてつけられています。

したがって、このASINコードを利用することで、世界のAmazonで同一商品を簡単に見つけることができます。

ASINコードはどこにあるのかというと、商品ページの登録情報の欄に記載されています。

■ Amazon日本の商品ページ

■ 登録情報

同一商品を見つけるには、このASINコードを、Amazon日本でコピーして、Amazonアメリカで貼り付けて検索をします。

■ AmazonアメリカをASINコードで検索

商品名で検索しよう

　注意しなければならないのは、Amazon日本と海外のAmazonで、すべてのASINコードが同じというわけではないことです。

　ASINコードでヒットしない場合は、商品名で検索してみてください。日本語文字を除いた商品名で検索したり、「メーカー名＋型番」などをAmazon日本から拾ってきて、Amazonアメリカで検索してもいいでしょう。

　もし商品ページに英語表記がない場合は、Googleなどで検索して、英語表記を調べてから、Amazonアメリカで検索をしてください。

　ASINコードが一致しない商品は、商品名で調べる工数がかかるため、めんどくさい作業がかかる分、ライバルが少ない商品もあります。チャンスだと思って、しっかり同一商品を探すようにしましょう。

🛒 JANコードで検索しよう

　ASINコードでヒットしない場合は、JANコードでも検索してみましょう。

　JANコードは日本国内のみの呼称ですが、国際的にはEANコード（European Article Number）と呼ばれ、アメリカ、カナダにおけるUPC（Universal Product Code）と互換性のある国際的な共通商品コードになっています。

　JANコードをどのように調べるのかというと、キーゾンが入れてあれば、キーゾンの販売数の表の下に補足データとして表示されます（ただし表示されない商品もありますし、同時にUPCコードも表示される商品もあります）。

■ JANコード

by Keezon	過去1ヶ月目販売数	過去2ヶ月目販売数	過去3ヶ月目販売数	平均月間販売数	3か月合計販売数
合計	11	14	7	10	32
新品	11	14	7	10	32
中古	0	0	0	0	0
コレクター	0	0	0	0	0

ASIN: B07WLT1C27 | JAN: 711719529958,0711719529958 | 型番: 3004313 | バリエーション: なし | カテゴリ: Video Games | 発売日: 20190829 | アマゾン直販: 在庫あり

　このJANコードをAmazonアメリカで検索すると、同一商品が検索できます。

■ AmazonアメリカをJANコードで検索

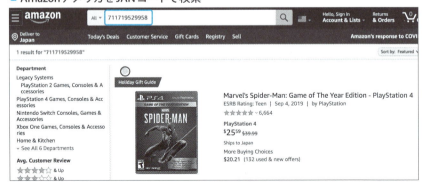

SECTION 10 Amazonアメリカで商品を仕入れよう

購入手順は日本と同じ

Amazon日本とAmazonアメリカで同一商品が見つかり、きちんと価格差があることを確認したら、いよいよ仕入れです。

仕入れといっても、要はAmazonアメリカで購入するだけのことですから、そんなに難しいことではありません。

Amazonアメリカのページレイアウトは、Amazon日本と同じになっていますので、ボタン配置なども同じです。それなので、Amazonアメリカからの仕入れで、迷うことはありません。

Amazonアメリカから日本へ直送する場合、送料、関税、消費税、すべての費用が商品購入時に一括で請求されますから、余分な費用が発生することもありません。

Amazonアメリカでの実際の購入手順

それでは、実際にAmazonアメリカで商品を購入してみましょう。まず、購入する商品を決めます。

■購入商品の商品ページ

　ここで、ショッピングカートから直接購入するのではなく、「64 new」をクリックして、セラー一覧ページから購入するようにしましょう。海外Amazonにも、Amazon日本と同じように、Amazon.com本体が販売している「Amazon小売り部門」と、個人や企業がAmazon上で商品を販売している「Amazonマーケットプレイス」が存在します。

　以下の画面でいうと、①がFBAセラーで、②がAmazon.com本体が販売している「Amazon小売り部門」です。③が自己発送セラーです。④に記載されているのが評価率と評価数です。

　海外Amazonの場合は「評価95％評価数100以上」のセラーや、「FBAセラー」「Amazon本体」の中で、「最安値出品者」から商品を購入するようにしましょう。

　今回は、①のセラーは日本直送できませんでしたので、「Amazon.com本体」から購入をします。

　仕入れるセラーが決まったら「Add to cart」をクリックして商品をショッピングカートに入れます。

132

■ Amazonアメリカのセラー一覧ページ

①FBAセラー　　②Amazon本体　　③自己発送セラー

④セラーの評価率と評価数

　商品がショッピングカートに入ったら、「Proceed to checkout」をクリックして決済に進みます。

■ショッピングカート

　先ほど登録したメールアドレスとパスワードを入力して「Sign in using our secure server」をクリックします。

■サインイン

配送先住所の選択がありますので、登録した日本の住所を選んで「Ship to this address」をクリックしてください。

　配送方法を選ぶページが出てきたら、日本への配送が可能ということです。日本への配送ができない場合は、「Sorry, this item can't be shiped to your selected address（申し訳ありませんが、選択した住所へ配送できません）」という文言が出て、エラーのページになります。

　配送方法を選んで「Continue」をクリックします。

■配送方法を選ぶページ

　クレジットカードを選ぶページが出てきたら、決済するクレジットカードを選択し「Continue」をクリックします。

■決済方法を選ぶページ

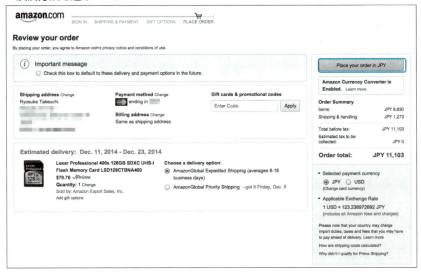

　すると、最終確認画面になりますので、内容を確認して、「Place your order in JPY」をクリックしましょう（カードによって、円建決済をするか、ドル建決済をするか選択することができます）。

　これで仕入れは完了です。

SECTION 11 利益が出るか確認しよう

計算式に当てはめて利益計算をしよう

　これでAmazon日本とAmazonアメリカで同一商品を見つけて、購入することができるようになりました。

　さて、商品を仕入れるにあっては、きちんと価格差を調べ、利益計算をすることが大切です。なんとなくで仕入れるのではなく、最初は一商品一商品でどのくらい利益が出ているのかをしっかり把握しましょう。

　下記の計算式に当てはめれば、利益を計算できます。

> 販売価格－仕入れ価格（商品価格＋送料＋関税＋消費税）－Amazon手数料－国内配送料（FBAまでの送料）＝利益

　それでは、今までをおさらいしながら、実際に儲かる商品を探して、利益計算してみましょう。

　まず、同じ属性の欧米輸入をしているFBAセラーの商品をリサーチしていきます。

■全体の流れ

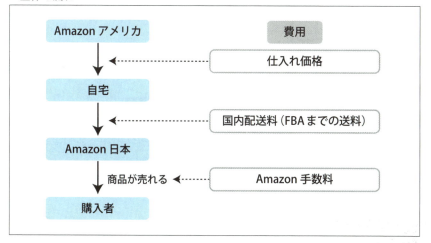

■FBAセラーのストアページ

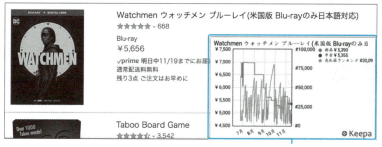

Keepaのミニグラフで確認。
ある程度売れている

　セラーのストアページからリサーチをした結果、今回はある程度売れている下のブルーレイを選びました。

　セラーのストアページから商品をクリックすると、出てくる商品は出品者のページです。よって、その該当出品者1セラーしか出品していないので注意してください。必ず商品名かASINを、Amazonの検索窓にコピペして、検索し直してください。そうすると、正確な出品者数になります。

- 仕入れ商品の商品ページ

後に説明するセラースケットの表示。アカウントリスクが低い商品

下にスクロールします。

- 仕入れ商品の商品ページ

🛒 販売価格を予測しよう

現在、Amazon日本でショッピングカートを獲得しているセラーの販売価格は5656円です（ショッピングカートについては、203ページをご参照ください）。

次に、Keepaのランキング変動グラフを見るとランキングが上がり、直近3ヶ月で合計25個程度売れているのがわかります。

- Keepaのグラフ

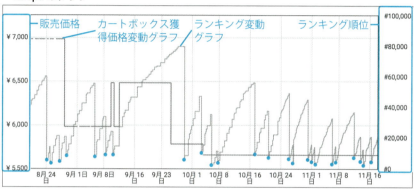

キーゾンで確認しても、直近1ヶ月で13個、直近2ヶ月で5個、直近3ヶ月7個と、安定して売れ続けているのがわかります。

- キーゾンの販売個数

by Keezon	過去1ヶ月目販売数	過去2ヶ月目販売数	過去3ヶ月目販売数	平均月間販売数	3か月合計販売数
合計	13	5	7	8	25
新品	13	5	7	8	25
中古	0	0	0	0	0
コレクター	0	0	0	0	0

カートボックス獲得価格の変動グラフで見ると、5656円〜6980円で売れていることがわかります。よって、販売価格は5656円にします（カートボックス獲得価格は右のBuy Boxをクリックすると、ピンク色の線で表示されます）。

このように、カートボックス獲得価格変動グラフとランキング変動グラフを合わせることで、売れている価格の予測をするようにしましょう。

🛒 ライバルセラーの数を確認しよう

新品の出品者は5名ですが、ライバルセラーの数を確認すると、FBA出品者は2人なのがわかります。

Keepaで直近1ヶ月で13個売れていて、ライバルセラーが2人なので、仕入れ対象になります。

- セラー一覧

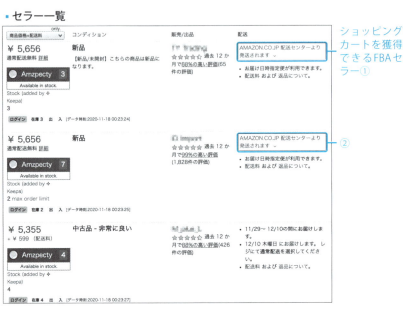

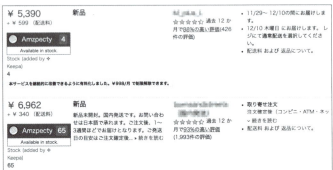

🛒 同一商品を探そう

　参入余地のある商品だとわかったら、Amazonアメリカで同一商品を見つけましょう。Amazon日本でASINコードをコピーして、Amazonアメリカで貼りつけて検索をします。Amazonアメリカでは9.99ドルでAmazon.com本体がショッピングカートを獲得していました。

- Amazonアメリカの同一商品ページ

🛒 どこから仕入れるのか？

　それでは商品を仕入れましょう。先ほど説明した「評価95％、評価数100以上」の出品者や、「FBA出品者」「Amazon本体」の条件を満たしてるセラーの中で「最安値出品者」から商品を購入するようにします。真贋調査のリスクを懸念する場合は、「Amazon本体」から仕入れましょう。今回はもっとも価格が安い「Amazon本体」から仕入れをします。

🛒 仕入れ価格を確認しよう

　商品価格はAmazonアメリカの価格9.99ドルです。
　Amazonアメリカから日本へ直送する場合、送料、関税、消費税に関しては、すべての費用が商品購入時に一括で請求されます。

明細は以下の通りです。

- 仕入れ価格の明細

Items（商品価格）	9.99 ドル
Shipping & handling（送料と手数料）	10.48 ドル
Total before tax（課税前合計価格）	20.47 ドル
Estimated tax to be collected（予定納税額）	0円
Order Total（合計金額）	20.47 ドル
支払い合計（日本円）	2,176円

　この商品に関しては関税、消費税、通関手数料はかかりません。仕入れ価格は2176円ということになります（1ドル106円以上で計算されています）。

- Amazonアメリカの注文確認ページ

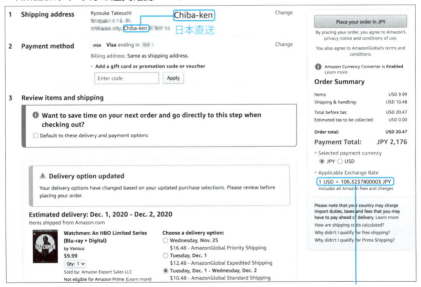

🛒 Amazon手数料はFBA料金シミュレーターを使おう

Amazon手数料に関しては、FBA料金シミュレーターを使いましょう。

- FBA料金シミュレーター　https://sellercentral.amazon.co.jp/fba/revenuecalculator/index?lang=ja_JP

検索窓に、「商品名」か「ASINコード」を入力し、「検索」をクリックしてください。

そして、右側の「Amazonから出荷」の一番上の商品代金の欄に、販売予定価格の5656円を入力して、計算ボタンをクリックしてください。

すべてのAmazon手数料が自動で計算されて表示されます。

- FBA料金シミュレーターの計算結果

	出品者出荷	**Amazon**から出荷
売上		
商品価格	¥ 5656	¥ 5656
配送料	¥ 0	¥ 0
総売上	¥ 5656	¥ 5656
Amazon出品サービスの手数料	¥ 988 ⌄	¥ 988 ⌄
出荷費用		
出品者出荷の費用	¥ 0 ⌄	-
フルフィルメント by Amazon の手数料	-	¥ 282 ⌄
Amazonへの納品	-	¥ 0
出荷費用合計	¥ 0	¥ 282
在庫保管手数料		
商品あたりの月額保管手数料		¥ 3
平均保管在庫数	1	1
販売された商品あたりの在庫保管手数料	¥ 0	¥ 3
出品者の利益	¥ 4668	¥ 4383
商品原価	¥ 0	¥ 0
純利益		
純利益	¥ 4668	¥ 4383 ──入金額
純利益率	83%	77%

計算

　この場合、「販売手数料」988円、「FBA手数料」282円、「月間保管手数料」3円で、合計1273円のAmazon手数料が引かれます。

　つまり、5656円で商品が売れると、すべてのAmazon手数料が引かれた4383円がAmazonから入金されることになります（ただし、FBA料金シミュレーターで計算されるAmazon手数料は、100%正しい数値ではなく、多少の誤差がある場合もあります）。

🛒 実際に利益計算しよう

それでは、下記の計算式に当てはめて、実際に利益計算しましょう。

FBA倉庫までの国内配送料は、まとめて発送するとして100円とします。

販売価格－仕入れ価格（商品価格＋送料＋関税＋消費税）－Amazon手数料－
国内配送料（FBAまでの送料）＝利益

5656円－2176円－1273円－100円＝2107円

よって、2107円の利益が出る計算になります。

2107円÷5656円＝0.372524…

利益率は37％程度あります。

今回は単品で仕入れをしましたが、まとめて仕入れれば、さらに利益は増していくでしょう。

> **COLUMN** **手数料を確認しよう**

　本文で説明したように、Amazonで販売するためには、様々な手数料がかかります。どのような手数料がかかるのか、説明しましょう。

①販売手数料

　Amazonで商品を販売するための手数料です。

　メディア商品（本、ミュージック、ビデオ・DVD）は、商品価格に下表のパーセンテージをかけた金額が販売手数料になります。メディア商品以外の商品は、商品代金の総額（配送料、またはギフト包装料を含む）に下表のパーセンテージをかけた金額が販売手数料になります。

　詳しくは、Amazonのホームページを参照してください。

http://services.amazon.co.jp/services/sell-on-amazon/fee-detail.html

■ 販売手数料

商品のカテゴリー・サブカテゴリー	販売手数料率
書籍、雑誌、その他出版物	15%
エレクトロニクス商品	8%
カメラ	8%
パソコン・周辺機器商品	8%
（エレクロニクス商品、カメラ、パソコン・周辺機器）アクセサリー商品	10%、もしくは50円のいずれか高い方 (*1)
Kindle アクセサリ	45%
楽器商品	8%
ヘルス＆ビューティー商品	10%
コスメ商品	20%
ミュージック（およびその他録音物）	15%
スポーツ＆アウトドア商品	10%
カー＆バイク用品	10%
おもちゃ＆ホビー商品	10%
TVゲーム商品	15% (*2)
PCソフト商品	15%

ペット用品	15%
文房具・オフィス用品	15% (*3)
ホーム＆キッチン商品	15% (*4)
大型家電	8%
DIY・工具	15%
食品＆飲料商品	10% (*5)
時計	15% (*6)
ジュエリー	15%
アパレル・シューズ・バッグ	15%
その他全商品	15%

(*1) エレクトロニクス商品、パソコン・周辺機器商品のアクセサリー商品に関しては商品単位ごとに販売手数料率10%となります。ただし商品価格が500円以下の場合は、商品価格に対する販売手数料は一律50円となります。

(*2) TVゲーム商品の商品サブカテゴリーのゲーム機本体に関してのみ通常の販売手数料率は8%です。

(*3) 文房具・オフィス商品の商品サブカテゴリーの電子辞書ならびに関連アクセサリー商品の販売手数料率は8%です。

(*4) ホーム＆キッチン商品の商品サブカテゴリーの浄水器・整水器および生活家電の販売手数料率は10%です。

(*5) 2015年3月31日までの特定期間、食品＆飲料商品のサブカテゴリーのビール・発泡酒に6.5%の販売手数料率が適用されます。

(*6) 時計サブカテゴリーのメンズ・レディース腕時計の海外ブランド（並行輸入品）、国内ブランド（逆輸入品）に6%の販売手数料率が適用されます。

②FBA在庫保管手数料

　AmazonのFBA倉庫に納品した商品を保管してもらう手数料のことです。要するにFBA倉庫の場所代ということです。商品の重量ではなく、大きさ（容積）で決まります。

　FBA料金シミュレーターで表示された「月間保管手数料」は、1商品あたりの、1ヶ月間保管した場合の保管手数料ということです。その商品が売れるまでに1ヶ月以上かかれば、月間保管手数料を毎月負担することになります。

　それほど気にする額ではないかもしれませんが、在庫を溜めすぎると思わぬ出費となる場合もありますので、毎月いくらかかっているのか必ずチェックするようにしてください（FBA在庫保管手数料は、月末締めで、翌月にマイナス計上されてい

ます)。

　FBA在庫保管手数料を確かめるには、セラーセントラルの「レポート」タブから「ペイメント」をクリックし、「トランザクション」をクリックします。そして、「絞り込む：サービス料金」「対象期間：過去〜日間　30日間」に設定し「更新」ボタンをクリックすると、前回のFBA保管手数料がマイナス計上されているのが確認できます。

③FBA配送代行手数料

　FBAの配送代行手数料は、注文後に発生するピッキングや梱包など出荷の準備にかかる「出荷作業手数料」と購入者さんへ商品を発送する際にかかる「発送重量手数料」から構成されます。

　配送代行手数料は商品の「金額」「種類」「サイズ・重量」によって「大型商品」「高額商品」「メディア小型商品」「メディア標準商品」「メディア以外小型商品」「メディア以外標準商品」の６種類に分類されます。

　配送代行手数料も、１商品あたりの料金は、FBA料金シミュレーターで計算できます。

SECTION 12 リサーチ作業を効率化しよう

🛒 ブラウザは「Google Chrome」を使おう

　ホームページを見る際に、Windowsならインターネットエクスプローラー（IE）、MacならSafariを使っているという方は多いと思います。しかし、Amazon輸入を実践するのでしたら、Google Chromeを使うことをお勧めします。動作が早くなる上、リサーチを効率化できるツールも導入できるからです。

　前章でいったように、Google Chromeには自動翻訳機能もついているため、ページ全体を日本語に翻訳することも可能です。

　インストールは簡単です。Googleで「Google Chrome」と検索をしてください。

■「Google Chrome」の検索結果

```
Chrome ブラウザ - Google
https://www.google.co.jp/chrome/ ▼
Google Chrome が実現する高速、安全、快適なウェブブラウジング。最先端のテクノ
ロジーとシンプルな機能美が1つになったブラウザです。
Chromecast - Chromecast 対応アプリ
```

　ヒットした「Chrome ブラウザ - Google」をクリックすると以下のページになります。

■「Google Chrome」のダウンロードページ

　ここで「Chromeをダウンロード」ボタンをクリックすれば、自動的にインストールされます。

SECTION 13 Amazonマーケットプレイスに商品を出品しよう

簡単にできる出品方法

いよいよ商品を出品します。

セラーセントラルの「カタログ」タブのメニューの中から「商品登録」ボタンをクリックしてください。

■「カタログ」タブ

カタログ	>	商品登録
在庫	>	アップロードによる一括商品登録
価格	>	サイズ表を追加
注文	>	不備のある出品を完成
広告	>	出品申請を表示
ストア	>	登録商品情報の改善
販売機会拡大	>	画像のアップロード
レポート	>	ビデオのアップロードと管理

次の画面で、出品したい商品の商品名、JAN、UPC、EAN、ISBN、ASINのいずれかを入力して検索します(ASINだと間違いないです)。

■出品したい商品の検索画面

次に、出品する商品のコンディションを選択します。

商品のコンディションは、「新品」「中古」「コレクター商品」の3つから選択ができます。選択したら、「この商品を出品する」ボタンをクリックしてください。

■出品したい商品の検索結果画面

次画面で出品情報が入力できます。

■出品情報の入力画面

出品者SKU ?	例: ABC123
* 在庫数 ?	152
* 商品の販売価格 ?	JPY¥ 例：50
* 商品のコンディション ?	例: 新品
* フルフィルメントチャネル ?	○ 私はこの商品を自分で発送します （出品者から出荷） ○ Amazonが発送し、カスタマーサービスを提供します （Amazonから出荷）

キャンセル　保存して終了

COLUMN 出品許可の申請方法

　出品したい商品の検索結果画面で、「この商品を出品する」の代わりに「出品許可を申請」という文言が表記される場合があります。

■出品したい商品の検索結果画面

　その文言をクリックすると、「出品許可を申請する」という黄色いボタンが出現します。

■出品申請画面

出品申請

以下は出品許可が必要です：
- 新品, 中古, 再生品, コレクター商品のコンディションの ▨▨▨▨▨▨ はブランド登録済み

[出品許可を申請する]

以下は出品申請を受け付けていません：
- 再生品のコンディションのその他のビデオ・DVDカテゴリー

　ここでとりあえず「出品許可を申請する」ボタンをクリックすると、動画視聴して簡単なテストに合格するだけで、出品制限が解除される場合があります。
　ただし、メーカーまたは販売業者が発行した納品書または領収書の提出が必要な場合もあります。この場合は、指示通りに書類をAmazonへ提出します。

■納品書または領収書が必要な場合の画面

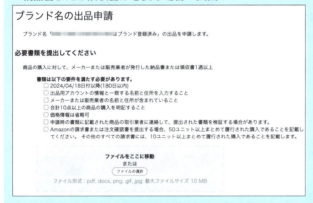

　いずれにせよ、出品許可申請をしてAmazonの申請が通らないと現時点では出品ができません。出品できるかどうかは、必ず仕入れる前に確認をしておきましょう。
　出品制限のルールや基準についてはAmazonは一切公表していません。販売実績によってセラーごとに異なるようです。つまり、セラー登録をしたばかりの初心者の方には出品できない商品があるので、出品を予定している商品については、自分で出品制限の有無を確認する必要があります。
　ある程度の販売実績が蓄積されると、出品制限が解除されたり、出品できる商品が増えるはずです。地道に販売を積み重ねるマインドが大切です。

154

出品者SKUのSKUとはStock Keeping Unitの略称で、セラーが各商品を管理するために、独自につける商品管理番号のことをいいます。自由に設定できるので、私はこのSKUを有効に使っています。たとえば、仕入れた年月、出品した年月を入力したり、販売した時に利益が出るライン（損益分岐点）、仕入れに使ったクレジットカードなどを入力しておくと便利です。

商品の販売価格には、販売したい価格を入力します。

商品のコンディションは、出品する商品のコンディションを選択してください。本書のノウハウでは、基本的には新品を出品します。

▪ **商品のコンディション**

フルフィルメントチャネルは、FBAを利用しない場合は、「私はこの商品を自分で発送します（出品者から出荷）」を選択します。FBAを利用する場合は、「Amazonが発送し、カスタマーサービスを提供します（Amazonから出荷）」を選択してください。

その他の項目は、必要に応じて入力してください。

すべて入力したら、「保存して終了」をクリックします。

すると、以下の画面になります。

確認し、問題がなければ、「FBAとして出品し、Amazonへ納品」をクリッ

クします。

- **FBAを利用する場合の出品画面**

🛒 FBAに納品しよう

　FBAを利用しない場合は、この時点で出品が完了ですが、FBAを利用する場合は、次にFBAに納品する設定が必要になります（FBAの利用登録方法は、70ページに記載されています）。

　納品設定を続ける場合は、下記手順に沿って、FBA納品設定を続けてください。

①混合在庫の設定

　FBA納品設定する場合、初回のみ、混合在庫として取り扱うか否かを聞かれます。

　混合在庫とは、自分の在庫、他のセラーの在庫を混在してAmazonで管理されることです。簡単にいうと、「誰がFBA納品した商品かは関係なく、同じ在庫として扱います」ということです。

　混合在庫を利用すると、他のセラーが納品した粗悪な商品と混合されてしまう可能性もありますので（混合在庫は特定の商品にのみ適用できます）、

通常は「混合在庫は取り扱わない」を選択してください。

　そして、「選択した内容を確認」をクリックすると、FBAで納品できない禁止商品の確認画面が表示されます。禁止商品に該当しない場合は、「在庫を納品する」をクリックします。

②納品プランの作成

　次に、納品プランを作成します。発送元の住所は、一度登録すれば情報は保存されます。ただし、発送元の住所によっては納品倉庫が異なる場合がありますので、発送元住所変更の際は再度入力し、登録してください。

▪ **発送する在庫の選択画面**

　ここではSKUごとに梱包テンプレートを作成できます。「新しい梱包テンプレートを作成」をクリックすると、「梱包の詳細」のウィンドウが開きます。

▪「梱包の詳細」画面

　梱包テンプレート名は、SKUごとに複数の梱包テンプレートがある場合は、名前で分けられます。SKUごとに最大3個の梱包テンプレートを使用できます。

　テンプレートの種類は、Amazonへの商品の納品方法です。「メーカー梱包」か「単一SKUのパレット」か選択できます。輸送箱を使用して納品する場合は、メーカー梱包を選択します。パレット全体に1種類の商品（1つのSKU）のみが含まれる場合は、単一SKUのパレットを選択して下さい。

　次に輸送箱ごとの商品数、輸送箱の寸法（cm）、輸送箱の重量（kg）を入力します。

　商品の梱包準備については、特別な梱包が必要なければ、通常は「梱包不要」を選択します。液体商品のビニール袋入れが必要な場合や、ガラス用品が破損しないように緩衝材・エアキャップ袋入れが必要な場合などには、梱包用件に従って梱包する必要があります。そういった商品を梱包する場合にはプルダウンメニューから選択してください。

▪ 梱包準備のプルダウンメニュー

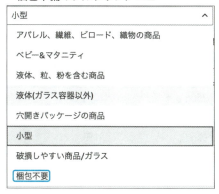

「商品のラベル貼付は誰が行いますか？」は、ラベルの貼り付けをAmazonに依頼する場合は、プルダウンメニューから「Amazon」を選択してください。自分で貼り付ける場合や、237ページで説明する納品代行会社へ依頼する場合は、「出品者」を選択してください。

▪ ラベル貼付のプルダウンメニュー

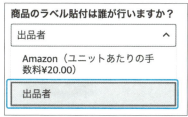

なお、商品ラベルの貼り付けをAmazonに依頼する場合の商品貼り付けサービス手数料は、ラベル貼り付け対象となる商品のサイズによって変動します。以下がサイズごとの料金体系です。自分や代行業者がやるのと比較して、費用対効果を考えて検討しましょう。

ただし、商品ページにJANコードが登録されてあり、商品にも同じJANコードがしっかり表示されていないと、条件を満たさずに返送されてしまい

ますので、ご注意ください。

▪ FBAラベル貼付サービスの手数料

分類	サイズ	重量	ラベル1枚あたりの手数料（税込）
小型サイズの商品	25×18×2cm以下	250g以下	20円
標準サイズの商品	45×35×20cm以下	250g以上9kg以下	20円
大型サイズの商品	45×35×20cmを一辺でも超えた場合	9kg超	51円

※2024年10月現在
※FBA小型軽量商品は、商品1点あたり10円の手数料が設定されます。

　入力が終わったら「保存」をクリックすると、梱包テンプレートが保存されます。
　すると、発送する在庫の選択画面において、「梱包の詳細」で保存した梱包テンプレートを選択できるようになります。

▪ 発送する在庫の選択画面

　今回は作成した梱包テンプレート「ブルーレイ」を使います。
　なお、梱包の詳細では、「個別の商品」もプルダウンから選択できます。1箱に異なる種類の商品を入れる場合は「個別の商品」を選択してください。
　そして輸送箱数を入力して、発送準備完了をクリックします。
　すると、ステップ2の「出荷通知の送信」へ進みます。

- 出荷通知の送信画面

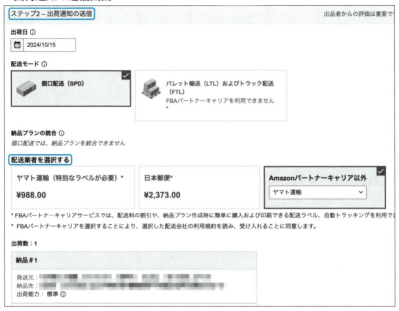

　ここではまず、商品を発送する出荷日を入力します。

　次に、納品の輸送方法を選択します。個口配送（SPD）では、商品を個別の輸送箱に梱包して、箱ごとに配送ラベルを貼ります。パレット輸送（LTL）では、複数の輸送箱をパレットでまとめて輸送します。

　次に、納品時の配送業者を選択してください。FBAパートナーキャリアを使う場合は、ヤマト運輸、日本郵便を選択します。FBAパートナーキャリアは、FBA出品者が割引配送料でFBA納品できるサービスです。通常の配送より安くなっているので、配送会社と契約を結んでいない場合は、こちらのサービスを利用したほうがお得です。配送料はFBAパートナーキャリアの配送料としてペイメントから自動で差し引かれます。

　他の配送業者を使う場合は、「Amazonパートナーキャリア以外」を選択し、メニューから使う配送業者を選んでください。

▪ 出荷商品欄

次に、出荷商品欄の「内容を表示」をクリックします。

▪ 出荷商品の内容表示画面

　ラベルを自分で貼り付ける場合は、商品ラベルの大きさを指定して、「印刷」ボタンをクリックします。24面のラベルシール用紙に印刷してください。すると、商品ラベルが印刷されるので、そのラベルを、仕入れた商品に、バーコードが隠れるように貼り付けてください。FBAではこの商品ラベルで

商品を識別していますので、貼り間違えのないように注意してください。

■商品ラベル

　一方、納品代行会社へ依頼する場合は、商品ラベルをPDFファイルとしてデータを保存をし、メールで添付して送る形になります。商品ラベルのデータを保存してください。

■出荷通知の送信画面

梱包手数料とラベル貼付手数料の合計：	¥0.00
配送料の合計見積り額：	¥0.00
梱包準備、ラベルの貼付、配送料の合計見積り額 （その他の手数料が発生することがあります）：	¥0.00
請求額を承認して出荷通知を送信	

　すべて完了したら、「請求額を承認して出荷通知を送信」をクリックします。
　すると、ステップ3の輸送箱ラベルの印刷画面になります。

▪輸送箱ラベルの印刷画面

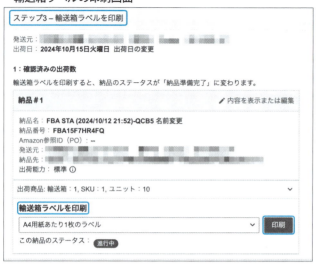

　「配送ラベルを印刷」欄でサイズを選択して「印刷」クリックすると、配送ラベルが印刷されます。配送ラベルは外箱に貼付けて、配送ラベルに記載のFBA倉庫の住所へ納品をします。

▪配送ラベル

なお、納品代行会社へ依頼する場合は、配送ラベルもPDFファイルとしてデータを保存をし、メールで添付して送る形になります。商品ラベルのデータを保存したら、「追跡情報の入力へ進む」をクリックします。

▪ 納品代行会社へ依頼する場合

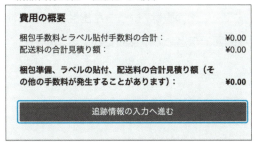

　すると、最終ステップの追跡情報の入力画面になります。

▪ 納品代行会社へ依頼する場合

ここでは「お問い合わせ番号」の入力欄に、納品に使用した配送業者の発送伝票のお問い合わせ番号を入力してください。入力が終わったら、「保存」をクリックします。これで手続きは完了です。

　「納品手続きの詳細を開く」をクリックすると、作成した納品プランを確認することができます。

　なお、複数の商品をまとめてFBA納品する場合には、出品手続きの際にFBA納品設定をしなくても大丈夫です。その際は、いったん出品手続きだけしておいて、後から全在庫の管理画面でまとめて納品設定ができます。

真贋調査の対策をしよう

真贋調査とは何か？

　真贋調査とは何かというと、Amazonから「出品している商品は本物ですか？」「本物であるならば、証明書を提出してください」と確認の調査が来ることです。

　数年前から、Amazon日本で悪質な中国セラーが増えました。そこでAmazonは商品の品質を守り、消費者を守るために、厳しく調査するようになったのです。

　近年、アカウント開設1年以内の初心者セラーほど、真贋調査が来やすくなっています。調査が入ったら必要資料を提出してください。無視したり、資料が用意できなければ、最悪の場合はアカウント停止、閉鎖のリスクもありますので、しっかり正しく対応をするようにしましょう。

　また、仕入れ段階である程度リスクは抑えられますので、しっかり予防対策をしておきましょう。

真贋調査には3つの種類がある

　真贋調査には、以下の3つの種類があります。

①Amazonのランダムピックアップ

　新規アカウントを作成して一定の売上があると、真贋調査が入るケースがあります。これはAmazonがランダムに調査しているものです。アカウント開設から1年未満のセラーに対して、3商品（ASIN）が抽出されて、調査になるケースが多いです。以前はよくありましたが、最近はほとんどなくなりました。

②メーカーからの通報

著作権侵害、商標権侵害、知的財産権侵害などで、メーカーから通報されるパターンです。「うちの商品を許可なく勝手に販売しないでください」という警告です。

③購入者、同業者からの通報

「偽物が届いた」「商品ページと違う商品が届いた」など購入者から通報があるパターンです。あるいは同業者からの嫌がらせで、クレームが入るパターンもあります。

🛒 Amazonから要求される書類

真贋調査が来たら、Amazonから要求されるのは以下の書類や情報です。

- 仕入先からの請求書（または領収書）
- メーカーの販売証明書
- 仕入先の情報
- 業務改善計画書

調査内容により提出義務がある書類は異なりますが、これらの書類により正規品、並行輸入品、本物か偽物かを調査し、真贋調査が行われます。

🛒 Amazonの真贋調査を依頼する部署

Amazonで真贋調査に関係するのは、以下の部署です。

●アカウントヘルスサポート

2019年にできた部署で、電話での連絡も可能です。電話すると、書類のどこに不備があるのか親切に教えてくれます。

● アカウントスペシャリスト

通称「アカスペ」といわれている、真贋調査の番人です。電話連絡ができませんので、柔軟な対応はしてもらえない印象です。

🛒 真贋調査の予防策

真贋調査を予防するためには、なるべく以下からの仕入れをお勧めします。

①海外 Amazon 本体から仕入れる
②メーカーから直接仕入れる
③証明書を発行できるメーカーの正規代理店から仕入れる

海外 Amazon 本体から仕入れの場合は、「本国の Amazon で販売している商品が偽造品のわけがないですよね」と、仕入先の証明を出すことで簡単に審査が通ります。ですので、単純転売の場合は、なるべく Amazon 本体から仕入れた方が無難です。

もちろん、Amazon 本体以外のセラーでも正規代理店のケースもありますので、それが立証できれば真贋調査が通ります。もし二次代理店、三次代理店からの仕入れでも、しっかりメーカーからのルートを追って論理立てて説明できれば、真贋調査が通る事例もあります。また、国内代理店からサポートをしてもらい、通す方法もあります。

なので、セラーからの仕入れで真贋調査が来ても、諦める必要はありません。私のクライアントでも調査が通っているケースも多いです。しかし、時間も労力もかかりますし、上記①～③から仕入れた方が確実です。

また、ハイブランド商品など偽物が多い商品は避けた方が無難でしょう。

真贋調査がくるタイプの商品やブランド

真贋調査がくるタイプの商品やブランドとしては、主に以下の3つがあります。

①大きなブランド・メーカー

大きなブランド・メーカーは真贋調査が来やすいです。任天堂など取り締まりが厳しいメーカーは避けた方が無難です。

②日本にメーカー自身や総代理店が積極的に進出してる場合

Amazonは近年、ブランドを守ることを強化しているので、ブランド登録されているような、メーカー自身や総代理店が積極的に進出してる場合も避けた方がいいでしょう。

③明らかに正規代理店が販売しているページ

明らかに正規代理店が販売しているページにも、並行輸入品を出品するのは避けましょう。

これらを避ければリスクは極端に落ちるはずです。

🛒 真贋調査を回避できる便利ツールを使おう

　事前に真贋調査のリスクを察知できるツールもあります。Amazon公認ツールである「セラースケット」です。

- セラースケット　https://sellersket.com/

- セラースケット

　「セラースケット」のワカルンダという機能で、Amazon商品情報から危険キーワード、危険ブランド、危険ASINが検出されます。アカウント停止に繋がる危険な商品が仕入れる前にわかるので活用しましょう。

- セラースケットの表示例

　セラースケットは過去の申し立ての事例など、膨大な情報を分析し、更新を常に行っています。Amazon商品ページ上でリスク商品を「A-D、安全」の5段階に分けて表示してくれます。

- セラースケットの危険度の種類

危険度A	アカウント停止の可能性大
危険度B	アカウント停止の可能性中
危険度C	請求書通知の可能性あり
危険度D	商品ページ削除の可能性あり
リスク低	×

　開始1年以内の初心者の場合は、A〜Dランクの商品は避けた方が無難です。
　危険度の下には、Amazon販売手数料も自動で表示されますので、利益計

算がとても便利になります。FBAシミュレーターに飛ぶ手間もなくなり効率的です。

　また、メーカー取り締まりや真贋調査のリスク速報をメール通知してくれます。

▪ 実際のメール通知の内容

セラースケット事務局から速報のお知らせです！

■ブランド・該当ASIN■

・LITHON

　B07WGBRVC2

■内容■

偽造品の疑いで取り締まりが行われたと情報の提供がありました。

LITHONは以前より徹底して取り締まりを行っており、危険度Cブランドです。

危険度の変更は致しませんが、関連商品をお取り扱いの会員様は十分お気を付けください。

詳しくは後日情報掲示板にて共有させて頂きます。

　他にも、真贋調査の突破事例、メーカー取り締まり事例、アカウントスペシャリストの裏側など多くのセラースケットでしか得ることのできない情報を、掲示板でも共有しています。

　さらに、アカウント停止時に、改善文の作成や添削をしてくれるアカウント復活サポートもあります。ビジネスを長期で続けるため、アカウントを守るためにも、開始1年未満のアカウントの方は、ぜひ導入することをお勧めします。これからの時代は攻めだけでなく、守りもしっかり意識して実践してください。

　私自身、Amazon輸入ビジネスの第一人者として、日本で一番に同ビジネスを推奨していますので、この部分はしっかりとクライアントのサポートをしていきたいと思います。

173

第3章

月収10万円稼ぐための
11ステップ

Amazon輸入で月収10万円を稼ぐステップを進めていきます。

ビジネスは立ち上げの時期がもっとも大変ですが、行動し続けるだけで10万円までは誰もが稼げるようになります。とくに裏技はありません。自己流を入れず、本書に書いてある通りに実践することが大事です。

この章では、Amazon輸入の肝となる、正しい商品リサーチ、正しい仕入れ基準を身につけてください。

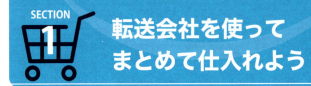

SECTION 1 転送会社を使ってまとめて仕入れよう

日本へ直送できない商品を仕入れよう

　Amazonアメリカから仕入れる場合に、日本へ直送できない商品もあります。そのような商品は、輸入ができないと諦めるしかないのでしょうか？

　実はそうではありません。このような場合は転送会社を使って仕入れることができます。

　転送会社とは何かというと、いったんアメリカの現地の住所で荷物を受け取り、その後、日本へ発送してくれる業者です。アメリカの現地の住所は、転送会社から個別に与えられます。

　私たちは、Amazonアメリカで購入した商品を、いったんその住所に送ります。

　その後、そこから日本の住所へ商品を送れば、アメリカの住所を挟んでいるので、日本直送できない商品も輸入することができるというわけです。

　最初は少し難しそうに感じるかもしれませんが、慣れれば簡単にできますし、これにより仕入れ商品の幅も広がりますので、ぜひ転送会社を使うことをお勧めします。

まとめ仕入れでコスト削減

　転送会社を使うことには、さらにメリットがあります。

　商品をまとめて輸入できるので、送料を下げられるというメリットです。

　私たちはAmazonアメリカの配送先に、個別に割り当てられた転送会社の住所を登録しておき、リサーチで発見した儲かる商品を転送会社にその都度送ることになります。

　そして、転送会社に商品がある程度溜まってから日本へ輸送することがで

きるので、一括でまとめて輸入ができるのです。すると、一つ一つ商品を日本へ直送するよりも、1商品あたりの送料を下げることが可能となります。

　以下のサイトが、私や私のクライアントが現在も使っていて、送料が安い転送会社です。

■ MyUS.com

http://www.myus.com

　Amazonアメリカでは複数の送付先住所を登録できますので、転送会社から割り当てられた住所をAmazonアメリカに登録しておきましょう。

　なお、輸入する際の関税に関しては、商品到着時に、配送業者に現金で支払います。配送業者によっては、クレジットカード決済することも可能です。

　自分で納めに行ったり、難しい手続きは一つもありません。

MYUSのキャンペーン割引を活用しよう

　MYUSは、クレジットカードによってキャンペーン割引が適用されます。

　たとえば、VISAカードの登録で20%割引が適用されます。転送料金20%割引は大きいので、VISAカードをお持ちの方は必ず申し込むようにしてください。

　また、すでに違うカードで登録している場合でも、MYUSに問い合わせることで適用を受けることが可能です。JCBカードでも割引適用がありますので、必ず適用することをお勧めします。

割引適用されると、「ACCOUNT SETTING」→「My Discounts」に記載がされますので、確認をしてください。

🛒 他にもあるお勧めのアメリカ転送会社

　2020年のコロナの時期に、MYUSは配送遅延の問題がありました。私がその時期にお勧めしていたのが、以下の転送会社です。

- ハッピー転送　　　http://happytenso.com
- BeHappy　　　　　https://www.behappyusa.com

　基本的にはMYUSで大丈夫ですが、リスクヘッジで他の転送会社も知っておくといいでしょう。

- ハッピー転送

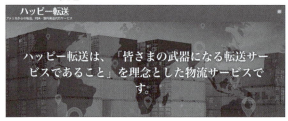

- BeHappy

SECTION 2 転送会社を使った場合の利益計算をしよう

利益計算をしよう

137ページのブルーレイを例にして、転送会社を使った場合の利益計算をします。

・仕入れる商品

今回は、転送会社を挟みますので、以下の計算式になります。

> ①販売価格－②仕入れ価格（商品価格＋送料＋関税＋消費税）－③Amazon手数料－④転送料－⑤国内配送料（FBAまでの送料）＝利益

①販売価格

販売価格は、ショッピングカート価格の5656円です。

②仕入れ価格

仕入れ価格については、Amazonアメリカの商品価格は9.99ドルで、実際に購入画面に進んでいくと1137円となります（為替レートは2020年11月で、1ドル106円以上です）。これはアメリカの転送会社の住所を発送先にしていますので、転送会社までの価格になります（転送会社へは州税がかかる場合もあります）。

ちなみに、関税＋消費税は、転送会社から日本へ商品をまとめて送る際にかかります。今回は転送会社を使ってまとめ仕入れをする前提ですので、関税＋消費税は合計金額の12％と仮定すると、136円となります。この関税＋消費税は、自宅へ送る場合は、自宅で商品を受け取る際に、まとめて支払うことになります。代行業者へ送る場合は、代行業者に立て替えて支払っていただきます。

▪ 購入画面

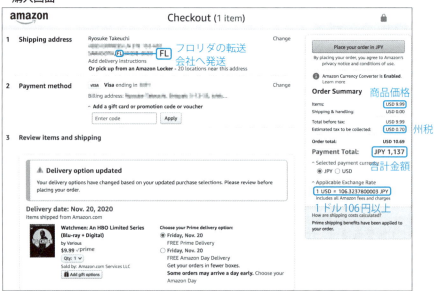

③Amazon手数料

　Amazon手数料は、今回はセラースケットで確認すると合計1270円かかり、5656円で販売した場合に4386円の入金になります（FBAシミュレーターと誤差がある場合もあります）。

・セラースケットの表示

④転送料

　まとめて転送会社から転送したとして、転送料は1kg1000円（関税・消費税込み）とします。この商品の重量は0.06kgなので、60円にします。

　MYUSの送料は以下のページで計算できます。

・MYUSの送料確認ページ　https://www.myus.com/pricing/calculate-shipping/?mbr=MyUs_PremiumUser&to=JP

　MYUSは完全重量制なので、商品の重量で判断します。1kgあたりの料金を計算し、商品ごとに重量で按分していきます。

▪ MYUSの送料確認ページ

SHIPPING RATE CALCULATOR

1. Where is your package going?

Japan ▼

2. About how much does it weigh?

⦿ pounds ◯ kilograms

Don't see a place to enter package dimensions? MyUS TruePrice™ upfront pricing
calculates your rates by weight.*

GET SHIPPING RATES

*While 99% of shipments are calculated by weight only, TruePrice excludes palletized shipments and
oversized shipments with linear dimensions (length + width + height) greater than 80 inches (203cm).

⑤国内配送料（FBAまでの送料）

　国内配送料（FBAまでの送料）は、まとめて納品するとして、1個あたり100円とします。

転送会社を使った方が利益額も利益率も高い

以上を計算式に当てはめて、実際に利益計算しましょう。

5656円－（1137円+136円）－1270－60－100＝2953円

つまり、2953円の利益が出る計算になります。

2953円÷5656円＝0.52210……

利益率は52％程度です。

　商品を1個ずつ日本直送よりも転送会社を使ってまとめて仕入れた方が、利益額、利益率がかなり増えるのがわかると思います。

スピードを意識しよう

🛒 Amazon Prime を活用しよう

　Amazon Primeとは、日本のAmazonにも海外のAmazonにもある購入者向けのサービスです。

　日本のAmazon Primeは、年会費4900円（税込）で、Prime対象商品購入時に「お急ぎ便」や「お届け日時指定便」が追加料金なしで無制限に使えます（通常は、「当日お急ぎ便」は514円（税込）、「お急ぎ便」「お届け日時指定便」は360円（税込）かかります）。

　海外のAmazon Primeも同様で、年会費を払えば、配送オプションが追加料金なしで無制限に使えます。アメリカのAmazon Primeは年会費は99ドルで、「翌々日お届けサービス」が無料、「翌日お届けサービス」が1商品あたり3.99ドルとなっています。

　これはアメリカ国内配送に限ってのサービスになりますので、アメリカの転送会社を使う場合にとても有効になります。つまり、Amazonアメリカでprime対象商品をまとめて購入し、翌々日、あるいは翌日に転送業者へ配送し、まとめて輸入するということができるようになるのです。

　Amazon輸入ビジネスはスピードが命なので、ぜひとも加入するようにしてください。

　アメリカのAmazon Primeに加入するには、トップページ右上の「Your Account」の中から「Account」をクリックし、「Your Account」の「Prime」をクリックして手続きを進めてください。

■トップページ右上のメニュー

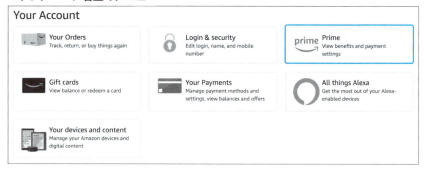

　なお、AmazonアメリカのセラーⅠ覧ページで、「Prime」というロゴが入っている商品が、Prime対象商品です。

■Prime対象商品

転送会社に商品を溜めすぎないようにしよう

　Amazon輸入をやっていると悩ましいのが、せっかく儲かる商品を見つけて輸入したのに、出品する頃にはライバルセラーが増えてしまい、価格競争になり、販売価格が下がってしまうということです。

　リサーチした時の価格と、FBAに納品して出品する時の価格は、時間が経つと当然変動してきます。

　それなので、転送会社に商品を溜めすぎず、できるだけ速く納品することを心がけてください。

もちろん、転送会社に商品を溜めれば溜めただけ、その分、転送コストは下がりますが、溜めすぎることによって日数が経過し、ライバルが参入してきて販売価格が下がってしまっては本末転倒です。

スピードを意識して速く出品して利益が取れると、商品リサーチに自信が出てきます。そして自信がついてくると、仕入れ量も増えてきます。仕入れ量が増えてくると、さらに転送コストが下がり、利益が増えてきます。このような、良いサイクルを作ることが大切です。

一方、出品が遅いために値崩れが起き、赤字になると、商品リサーチに自信がなくなります。そして自信がなくなると、仕入れるのが怖くなり、仕入れ量が減ります。仕入れ量が減るということは、転送コストが上がるということです。結局、利益が出なくなり、稼げないといった、悪いサイクルができてしまいますので注意してください。

また、転送スピードが遅いと、転送会社に商品が眠ってしまい、資金が回収できなくなり、次の仕入れができないということになりかねません。

カード枠の状況などもあると思いますが、1週間に1度は転送するというように、転送サイクルを決めてしまうといいです。毎週転送すれば、毎週Amazonに商品が納品されることになります。すると、商品の回転も良くなりますし、資金繰りが良くなります。

MyUSの場合は、土日は休みなので、日本時間の毎週金曜日24時（深夜0時）頃までには発送依頼をかけるといいでしょう。金曜日に発送依頼をかけると、だいたい木曜日頃にはAmazonに納品できるようになります。

リサーチ、仕入れを転送日に合わせて毎週行うようにすると、スピードと稼ぎが増していきます。

第3章　月収10万円稼ぐための11ステップ

SECTION 4 セラーリサーチを効率的にやろう

🛒 どのようなセラーをリサーチすればいいのか？

　第2章では、輸入品を扱ってるセラーを見つけましょうといいました。

　輸入商品を扱っているセラーを見つけて、そのセラーが扱っている商品をリサーチする。これがセラーリサーチです。

　すでに実践しているセラーが扱っている商品を見ていけば、色々な輸入品を探すことができますし、儲かる商品である可能性が上がります。優良セラーを見つけて、Amazonアメリカから仕入れるだけでも、月収10万円を稼ぐことができるでしょう。

　優良セラーとは、あなたが真似をできるセラーです。

　それでは、効率的にセラーリサーチする方法を教えます。

①FBAセラーをリサーチする

　セラーには在庫を持って販売している「有在庫」のセラーと、在庫を持たずに販売している「無在庫」のセラーがいます。第2章でも説明したように、出品者一覧ページで「Prime」というロゴが入っていて、「Amazon.co.jp配送センターより発送されます」という文字が入っているのがFBAセラーです。

　あなたもこれから在庫を持ってFBAセラーとして販売していくので、すでに実践しているFBAセラーをリサーチしていくと、儲かる商品を見つけられる可能性が上がり、効率的にリサーチできます。

②自分と同じ属性のセラーをリサーチする

　「有在庫」のセラーと「無在庫」のセラーがいるように、Amazonには様々な属性のセラーがいます。「欧米輸入セラー」「中国輸入セラー」「韓国輸入セ

ラー」「ヨーロッパ輸入セラー」「国内仕入れセラー」などです。中には、「欧米輸入＋国内仕入れ」など、複数取り入れてるセラーもいます。

　欧米輸入で稼ごうとしているのに、韓国輸入品をメインで扱ってるセラーの商品をリサーチしても、時間ばかりかかってしまう上に、儲かる商品は見つけられません。欧米輸入で稼ぐ場合は、同じ欧米輸入セラーを数多く見つけ、そのセラーが扱っている商品をリサーチしていくことが、効率のいいリサーチになります。

　セラーリサーチをして、Amazonアメリカでまったくヒットしないと思ったら、欧米輸入セラーではない可能性がありますので、疑ってみてください。何度もいいますが、優良セラーとは、あなたが真似をできるセラーなので、あなたと同じ属性のセラーでなければいけません。

　なお、商品名に「並行輸入品」という記載のある商品を扱っているセラーは、欧米輸入セラーの確率が高いので、このようなセラーをリサーチするようにしましょう。

■「並行輸入品」という記載のある商品を扱っているセラー

🛒 どのような商品をリサーチすればいいのか？

優良セラーが見つかったら、そのセラーが扱っている商品をどんどんリサーチしていきましょう。

この時、リサーチする商品を狭める必要はないのですが、以下のような商品をリサーチすると効率が良くなります。

①FBA商品

FBA商品とは、ストアページに並んでいる商品に「プライム」というロゴの入っている商品です。

FBA商品は、すでに実践しているセラーが売れると判断をして、実際にアメリカから仕入れて、FBA倉庫に入れている有在庫の商品です。そのような商品がまったく売れない商品である確率は極めて低いです。

②ストアページの上位に表示される商品

セラーのストアページは、だいたいは売れている順に並んでいます。完璧に順序良く並んでいるかというと、そうではないと思いますが、一番上からリサーチをすることで、まったく売れていない無駄な商品を見る時間が省けますし、売れてる商品にあたる可能性が高くなります。

実際、セラーのストアページの1ページ目を中心にリサーチしていくと、かなり売れてる商品を見つけることができます。

🛒 Keepaでリサーチしよう

Keepa有料会員限定ですが、セラーリサーチを効率化することも可能です（有料会員になる方法は102ページをご参照ください）。Keepaには膨大なAmazonデータが蓄積されていますので、そのデータを使ってリサーチをしていきます。

ここでは、KeepaのGoogle Chrome拡張機能ではなく、Webサイトを使います。

188

- Keepa　https://keepa.com/

サイトを開き、ページ上部にある「Data」を開きます。次に、その下のメニューの「Product Finder」を開きましょう。

- Keepaのサイト

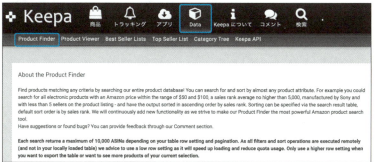

この部分は、言語を日本語にしていても、英語表記になってしまいます。Google Chromeの翻訳機能などを使い内容を確認してください。

中段に「Refine your search even more!」という項目があります。このSellerの部分にセラーIDを入力すれば、該当セラーが扱ってる商品のみをリサーチすることもできます。複数のセラーをまとめてリサーチする場合は、カンマ「,」で区切ってセラーIDを入力してください。

▪ セラーIDの入力

なお、セラーIDは、AmazonのセラーのストアフロントのURLに、以下の形で表示されています。

https://www.amazon.co.jp/s?me=【セラーID】&marketplaceID=×××××

次の画像の「me=」の後の部分がセラーIDになります。

▪ セラーID

Keepaのサイトで絞り込みの設定が完了したら「FIND PRODUCTS」をクリックしましょう。

▪ FIND PRODUCTS

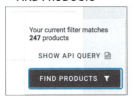

これで、該当セラーの商品のみに絞って表示することができます。カテゴリー、ランキング、販売価格などのデータと共に一覧で見ることができます。

- **表示例**

データを抽出できる

| Configure Columns | Advanced Filter | 100 rows | Export | Displaying 100 rows (out of a total result of 247) | Show active filters | Show API query |

画像	商品名	現在価格	Lowest	Reference	レビュー数	現在価格	現在価格	Buy
a	Zippo Windproof Black Matte Lighter With Black Jack Daniels...	# 396	# 161	腕時計	32			¥ 3,980
a	zippo ジッポーライター USA加工 キャンディアップル...	# 688	# 53	腕時計	861			¥ 2,540
a	映画「トイ・ストーリー」バズ・ライトイヤーのジェッ...	# 745	# 217	おもちゃ	1,930			¥ 2,778
a	ZIPPO(ジッポー) Black Cat ブラック キャット 黒猫 5134 並行輸入品	# 1,356	# 142	腕時計	92			¥ 2,980
a	ストライクパック STRIKE PACK PS4 【背面パドル/...	# 1,648	# 248	ゲーム	10,231			¥ 5,897
a	30フィート 犬猫コードプロテクタ... 電気ワイヤー保護カバ...	# 3,219	# 1,202	産業・研究開発用品	199			¥ 3,000
a	SUREFIRE SIDEKICK SIDEKICKA	# 3,775	# 366	産業・研究開発用品	850			¥ 5,350
a	Polaroid Premium ZINK フォトペーパー (30枚)	# 3,806	# 153	文房具・オフィス用品	5,278			¥ 2,545

商品ランキング　　　カテゴリー

表示する項目は、商品一覧の上にある、「Configure Columns」から必要に応じて絞ることもできます。

「100 rows」から1ページに5000商品まで表示することもできます。

「Export」をクリックすると、データを抽出することもできます。すべての項目を出力、ASINのみ出力、Excelで出力、CSVで出力などを選択できますので、これで、あなただけのオリジナルASINリストを作成できます。

自分でリサーチすることもできますし、外注さんにリサーチを依頼することもできます。

「カテゴリー」や「Amazonベストセラー商品ランキング」がわかるので、まったく売れていない無駄な商品をリサーチする工数が省けます。「●カテゴリーで●位だから●個くらい売れている」というのがだいたいわかるよう

になれば、これを見ただけで、ある程度の需要が把握でき、商品リサーチの効率が上がります。売れているとわかれば、AmazonのURLをクリックし、Amazonの商品ページ画面にアクセスすることもできます。

　ランキングの高い商品を数多く扱ってるセラーは、儲かってるセラーである可能性が高いです。そのようなセラーを見つけた場合は、Excelで管理するなどして後々までマークするようにしましょう。

🛒 Keepaのリサーチ機能をさらに活用しよう

　先ほどの、ページ上部にある「Data」の「Product Finder」を開きましょう。

　少し下にスクロールすると、「Sales Rank & Price Types」があります。ここのAmazonの部分の「Out of stock」にチェックを入れることで、Amazon本体が出品していない商品のみに絞ることができます。

・ Sales Rank & Price Types

「Title, Brand and more!」の項目の「Text fields」では、検索キーワードを入力することもできます。「並行輸入品」「輸入」などのワードを入力することで、輸入品に絞って検索できます。

▪ 検索キーワードの設定

「Count of retrieved live offers」では、FBAセラーの人数を指定することもできます。このリサーチにより、ライバルが少ないブルーオーシャンの商品を探すことができます。次の画像では、FBAセラーの人数が10人以下の商品に絞っています。

▪ FBAセラーの人数による絞り込み

こういった便利な機能を、Keepaのセラーリサーチに同時に組み合わせることもできます。必要に応じて絞り込み、リサーチを効率化させてください。

他にもあるKeepaの便利なデータ閲覧方法

ページ上部にある「Data」の「Product Finder」を説明しましたが、Keepaには他にも便利なデータ閲覧方法があります。

■ Product Viewer

この機能では、ASIN、UPC、EANコードで、商品を検索することができます（テキストファイルをアップロードすることもできます）。

- Product Viewer

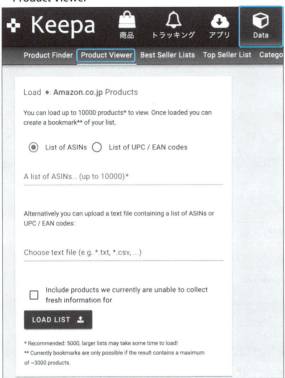

- Best Seller Lists

カテゴリー別に5000商品まで、人気順に表示することができます。

- **Best Seller Lists**

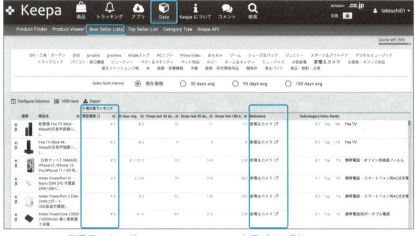

商品ランキング　　　　　　カテゴリー別

■ Top Seller List

　トップセラーを一覧で表示できます。過去全期間のショップの評価数のランキングになります。

　右クリックを押すと、セラーIDをコピーすることもできます。

- **Top Seller List**

評価数

■ **Category Tree**

商品カテゴリーとサブカテゴリーのカテゴリーツリーを表示することができます。

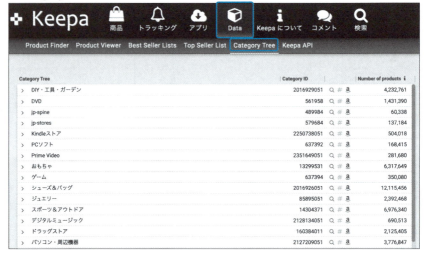

以上のように、Keepaでは様々なデータが抽出できますので、リサーチに活用してみてください。

SECTION 5

Amazonベストセラー商品ランキングを理解しよう

在庫の定点観測でAmazonランキングを把握する

「〇カテゴリーで〇位だから〇個くらい売れている」というデータがわかるようになれば、カテゴリーとランキングを見ただけで、ある程度の需要が把握できるようになるといいました。

では、「〇カテゴリーで〇位だから〇個くらい売れている」というデータは、どうやって調べればいいのでしょうか？

実は、ライバルセラーの在庫数を定点観測すれば、それがある程度の把握ができるようになります。

まず、今現在の全FBAセラーの在庫数をまとめてチェックします（ライバルセラーの在庫数をまとめて定点観測する方法は117ページ参照）。そして、1週間後にも同じことを行うのです。そうすれば1週間の在庫変動（つまり売れた数）がわかります。

このデータをカテゴリーごとに整理すれば、「〇カテゴリーで〇位だから〇個くらい売れている」ということが、ある程度把握できるようになります。

たとえば、「家電・カメラ」カテゴリーで1万位の商品を観測したとして、1週間後に在庫が10個減っていたとすれば、このデータから「1ヶ月に40個程度売れるのではないか？（10個×4週間分）」と予測をすることができますよね。

また、Amazonランキングは変動するものなので、この商品が1週間後に8,000位になっていたとします。そういう場合は、「家電・カメラのカテゴリーで8,000位なら1ヶ月に40個程度売れる」「1万位なら1ヶ月に40個も売れない」という予測ができます。

逆に、この商品が1週間後に1万5000位になっていたとしたら、「家電・カ

第3章 月収10万円稼ぐための11ステップ

197

メラのカテゴリーで1万5000位なら1ヶ月に40個程度売れる」「1万位なら1ヶ月に40個以上売れる」という予測ができます。

　注意点としては、100%正確なデータは取れないので、完璧は求めすぎないということです。もしかしたら在庫を補充して、在庫が増えるセラーもいるかもしれません。

　それでも、1つの商品だけでなく、様々なカテゴリーのたくさんの商品のデータを取り、データを蓄積し、統計的に分析すれば、Amazonランキングはだいたい把握できるようになります。

実際に仕入れてテスト販売しよう

　在庫チェックは、あくまで他人のデータを取ることなので、正確なデータを取りたい場合は、実際に自分で仕入れて販売してみるのが一番です。実際に自分で仕入れて自分で販売したというデータは、何よりも確実な自分だけのデータになります。

　そこで、様々なカテゴリーの様々なランキングの商品を実際に仕入れてみて、テスト販売をしてみましょう。これがもっとも速くAmazonランキングを理解する方法です。

　私のクライアントでも、やはり実際に仕入れる経験を多く積む人ほど、成長スピードは速いと感じています。

Keepaの縦軸をチェックしよう

　次の2つの画像は、Keepaで調べた、あるカテゴリーのランキング変動です。両方ともグラフはかなり動いていますし、ランキングが上昇しているのがわかります。

▪ランキング変動グラフ①　　　　　　　　　　　　　　　0〜6万位

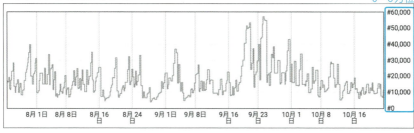

▪ランキング変動グラフ②　　　　　　　　　　　　　　　0〜2500位

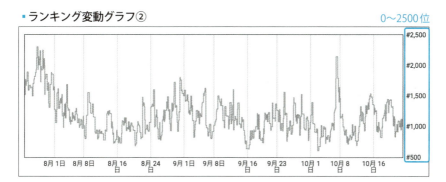

　しかし、縦軸の順位のメモリに注目してください。上の画像は「0〜6万位」になっていて、下の画像は「0〜2500位」になっています。

　つまり、これは過去3ヶ月間で「0〜6万位」で推移していた商品と、「0〜2500位」で推移していた商品ですので、両者は売れている個数がまったく違うわけです。

　Keepaに表示されているのはあくまでランキング変動であり、売れている個数ではないので、どの順位帯を変動しているかには注意が必要です。

また、カテゴリーによっても、売れ方は全然違います。
　商品数の多いカテゴリーで5,000位の商品と、商品数の少ないカテゴリーで5,000位の商品では、売れてる個数が違いますので、注意してください。
　儲かる商品が見つからないという方は、参入者が多いという理由で仕入れを見送っている場合があります。しかし、実際に売れている個数がわかることで、参入者が多くても仕入れができる商品もありますので、Amazonランキングのどの順位帯を変動しているかをチェックし、商品の実際の月間販売個数を把握するようにしてください。
　逆にそれほど売れていない、縦軸の順位のメモリが「0〜20万位」で推移している商品では、1個購入されるごとに、ランキングが一気に上がる傾向があります。18万位から1万1000位まで上昇している時がありますので、上昇した1万1000位という一時的な順位だけで判断しないように気をつけてください。あくまで中長期的に見た、ランキング推移で判断する必要があります。

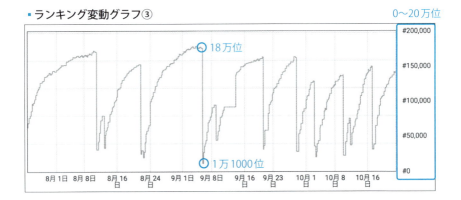

■ランキング変動グラフ③

　なお、このようなランキングが低い商品の変動グラフは、グラフの上昇回数通りに、月3〜5個前後しか売れていないと予測して大丈夫です。

ランキング変動のワナ

Keepaのランキング変動グラフは、「他の商品が売れなくなってきた」など他の商品との兼ね合いでランキングが多少上下する場合があります。

たとえば下のグラフだと、8月～9月は、7万位～9万位をウロウロしています。一見ランキングが上がっているように見える箇所もありますが、このような変動は単純に売れていると判断しない方がいいです。

前述したように、ランキングの低い商品は、1個購入されると、ランキングが一気に上がる傾向があります。商品がまったく売れていなくても、ランキングが多少上下する場合もありますので注意してください。

10月の上旬にランキングが約8万位から約2万位まで1回大きく上がっていますが、このような大きな変動があって、初めて売れていると判断してください。

▪ ランキング変動グラフ④

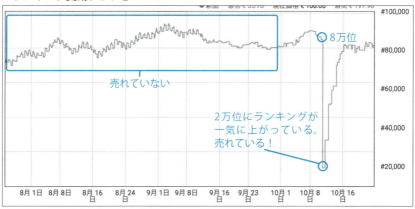

何個仕入れればいいのか？

Amazonのランキング変動を見て、1ヶ月に売れる個数をある程度予測し、FBAセラーの数を見て、自分の参入余地を判断しましょう。そして、何個仕入れられるかを判断してください。

何度もいいますが、もっとも大事なのは需要と供給のバランスです。

以下の方程式に当てはめてリサーチすることで、仕入れ個数を失敗する確率は極めて低くなります。

月間販売個数÷FBAセラーの人数＝仕入れ個数

「月に30個程度売れていると予測した商品で、FBAセラーの人数が10人程度だった場合に、自分は3個仕入れてもいい」という感じで判断します。

ただし、最初はあまりアグレッシブにならず、1個の仕入れで様子を見て、うまくいったら徐々に仕入れ量を増やしていくことをお勧めします。

ショッピングカートを獲得しよう

ショッピングカートとは何か？

　Amazon輸入での販売において、ショッピングカートを獲得することがもっとも大切になります。

　ショッピングカート獲得とは、Amazonの商品カタログのトップページに店舗が表示されることです。トップページ右側の「カートに入れる」ボタンを押すと、ショッピングカートを獲得している店舗から購入されることになります。

　「この商品は、〇〇が販売し、Amazon.co.jp が発送します。」という文字が表示されていますが、ここの〇〇の部分に、ショッピングカートを獲得しているセラー名が表示されます。

　Amazonで購入するお客さんは、基本的にトップページの商品を購入しますので、ショッピングカートを獲得している店舗の商品が売れやすくなります。

　トップページに表示されていれば、お客さんは、「Amazonから購入している」という感覚になり、Amazonのブランドを生かして販売することができるのです。

■ Amazonの商品カタログのトップページ

ショッピングカートを獲得しているセラー名

ショッピングカート獲得の条件

　それでは、どのようなセラーがショッピングカートを獲得できるのでしょうか？

　まず、ショッピングカート獲得は大口出品者ができるのが大前提です。

　さらに、同じ大口出品者でも、ショッピングカート獲得は様々な条件によってAmazonのシステムで決められています。

　どの条件がどのくらい影響しているのかはAmazonも明らかにしていませんが、以下が一般的なショッピングカート獲得の優先順位になります。

①配送スピード

　注文を受けてから出荷されるまでの配送スピードです。

　要するに、ショッピングカート獲得をもっとも左右するのはFBA出品か否かということです。FBA出品は、商品が購入されたらAmazonから即日発送されるからです。

　Amazon輸入での販売において、ショッピングカートを獲得することがもっとも大切なので、FBA出品は必須です。

　もっとも、周りのライバルもFBA出品の場合は、まったくの同条件になるので、配送スピードだけで差別化をすることはできません。

②販売価格

販売価格に関しては、価格が安いセラーが、ショッピングカート獲得に有利になります。

しかし、最安値のセラーだけが獲得するわけではありませんので注意してください。最安値より多少価格が高くてもショッピングカートの獲得はできますので、無駄に最安値に設定しなくてもいいです。

実際、ライバルセラーの最安値より1円安くしたり、10円安くしたりして、自分だけが最安値で売ることに躍起になっているセラーもいますが、ショッピングカート獲得率はさほど変わりません。そのような無駄な値下げが価格競争の原因にもなりかねませんので、意味のない値下げはやめましょう。

値下げをしてライバルよりカート獲得しようという考えではなく、カートは平等に与えられるものですので、基本的にはセラー同士で分け合うという考えが大事です。

③購入者からの評価、顧客満足度

購入者からの評価数、顧客満足度（注文不良率・キャンセル率・出荷遅延率・ポリシー違反・問い合わせ回答時間）が高いセラーがショッピングカート獲得に有利になります（購入者さんから評価をもらう方法は、450ページから説明します）。

ただし、評価ゼロの新規出品者がカートを獲得できないかというと、そうではありません。もちろん評価が多く、販売歴の長いセラーより獲得率は下がりますが、新規出品者でも十分にショッピングカート獲得はできます。

これがAmazon輸入が初心者の方でも結果を出しやすい理由の1つです。

顧客満足度に関しては、FBA出品ならば、梱包、発送をAmazonがやってくれるために、高い満足度が期待できます。

④在庫数

1商品あたりの在庫数を多く持っていた方が有利になります。ただし、こ

の条件はあまり大きな影響はないと考えて結構です。

販売価格はAmazonポイントも含めて考えよう

　ショッピングカート獲得には販売価格が重要な要素になるとお伝えしました。

　ここでもう一点注意したいのが、Amazonポイントもショッピングカートに影響する点です。

　たとえば、下の商品の場合、販売価格は3500円ですが、Amazonポイントが350ポイントついています。Amazonポイントは1ポイント＝1円分ですので、3500円-350円＝3150円で販売されているのと同じことになります。

　このように、販売価格にAmazonポイントがついていることは値引きと同じことなので、ライバルがポイント付与しているかいないか、しっかり確認するようにしましょう。

- Amazonポイント

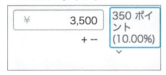

Amazon本体と競合する商品はなるべく避けよう

　Amazon販売をするにあたり、ショッピングカートを獲得することはもっとも大切なことです。

　そして、このショッピングカートの最大のライバルはAmazon本体なのです。

　結論からいうと、Amazon本体と競合する商品は避けた方がいいです。運営者であるAmazon本体は、カート獲得の条件がとても優遇されており、同じ価格にしてもショッピングカートが回ってくることはほとんどありません。Amazonより値下げをしても、システムでどこまでも値下げをしてくる

ケースが多いです。

　唯一、Amazon本体が在庫切れを起こしたり、入荷が未定になっている状態の時は、販売ができます。しかし、輸入にはリードタイムがありますし、その間に在庫が復活してしまうこともあります。在庫が復活したらカートボックスを取られてしまいますので、リスクが大きいです。

- **Amazon本体が出品している場合**

ショッピングカート獲得率を確認する方法

　商品ごとにショッピングカート獲得率を確認することができます。

　セラーセントラルの「レポート」タブから、「ビジネスレポート」を開き、左にあるASIN別の中の「(子) 商品別詳細ページ 売上・トラフィック」をクリックしてください。

　表示された画面の「カートボックス獲得率」で商品ごとのショッピングカート獲得率を確認することができます。最近10日間、1ヶ月間など、期間を自由に設定してみることができます。

■「商品別詳細ページ売上・トラフィック」ページ

セッション	セッションのパーセンテージ	ページビュー	ページビュー率	カートボックス獲得率	注文された商品数	ユニットセッション率	商品の総売上	注文数
1,052	6.87%	1,990	8.19%	14%	18	1.71%	¥392,332	18
766	5.00%	1,325	5.45%	31%	16	2.09%	¥116,635	16
410	2.68%	610	2.51%	35%	12	2.93%	¥19,908	11
596	3.89%	981	4.04%	26%	10	1.68%	¥40,000	10
284	1.85%	402	1.65%	31%	9	3.17%	¥14,684	9
154	1.01%	271	1.11%	64%	7	4.55%	¥19,050	7
321	2.09%	494	2.03%	23%	7	2.18%	¥12,460	6
66	0.43%	112	0.46%	56%	6	9.09%	¥15,660	6
812	5.30%	1,233	5.07%	30%	6	0.74%	¥17,880	6
655	4.27%	882	3.63%	34%	6	0.92%	¥10,554	6
68	0.44%	110	0.45%	30%	5	7.35%	¥19,900	5

　なお、この「カートボックス獲得率」と「商品の総売上」「注文数」を見ることで、1ヶ月間にどのくらいの売上がある商品か、何個売れるのかが、大雑把にわかります。

　たとえば「カートボックス獲得率」が10%で「注文数」が10個の場合は、月間販売個数が100個程度だとわかります。

　こちらも100%正確なデータではありませんが、Amazonランキングを理解する際に参考になるデータです。

🛒 ショッピングカートが取れない場合の対応策

　Amazonのカートボックス獲得のアルゴリズムは、時期によって変わることがあります。2020年のコロナ以降もアルゴリズムは変化しました。また戻ることも十分考えられますが、時期によって初心者セラーはカートボックスがなかなか取れないこともあります。もしアカウントを作成したばかりで思うように売れない場合は、カートボックスが獲得できていない可能性があります。

　ビジネスレポートをチェックして、獲得率が0%の商品がある場合は、そ

のスクリーンショットをアマゾンに送りましょう。稀にですが、ショッピングカートが復活して商品が売れ出すこともあります。

　改善されない場合は、数円、数十円と少しずつ値引きをして、カートボックス獲得が復活するか確認をしてください。カートが取れるまで値引きをするといいでしょう。価格を崩したくない場合は、ポイントやクーポンの設定も有効です。

　また、381ページで説明するスポンサープロダクト広告をかけると、私のクライアントでも改善されるケースが多いです。まずは簡単なオートターゲティングを設定し、1クリックの入札額3円、1日の予算500円と少額でもいいので試してください。効果がない場合には徐々に広告単価を上げてテストしましょう。

　値引きをしたり広告をかけるので、利益は最初はトントンでも構いません。値引きや広告は初期投資と考えるべきです。

　さらに、法人でアカウントを作成している場合は、「法人価格設定」をするのも有効です。

　上記を実施して、売上を上げてアカウントを育てることで1ヶ月程度で改善するケースが多いです。ここでビジネスをやめていく人もいますので、ここを抜ければ大きなチャンスになります。ビジネスは常に変化するものなので、その都度柔軟に、冷静に対応していきましょう。

SECTION 7 セラーセントラルを活用しよう

在庫管理画面を設定しよう

　出品者は、Amazonのセラーセントラルという出品管理画面を使用します。

　セラーセントラルでは、商品登録、在庫管理、出荷管理、売上データ分析、アクセス分析、各種設定変更など、出品に関するデータを管理します。

　その他にも、ヘルプや出品に関するAmazonへのお問い合わせもセラーセントラルを通して行えます。

　セラーセントラルの在庫管理画面では、現在出品している商品や、過去に出品した商品を一覧で見ることができます。ここの設定を少しカスタマイズすると、便利になりますので以下に説明していきます。

■ 在庫管理画面

🛒 Amazonランキングを表示しよう

　Amazonランキングの重要性は繰り返し伝えていますが、セラーセントラルの在庫管理画面上からも見ることができるようになります。
　まず、セラーセントラルから「在庫管理」をクリックしてください。

■「在庫」タブ

　次に「設定」をクリックします。

■「設定」ボタン

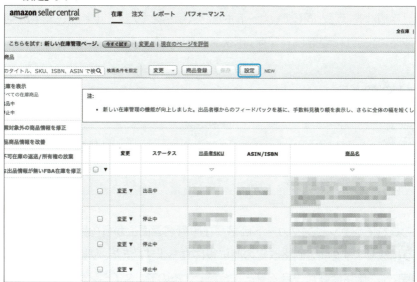

すると、下の画面になりますので、販売ランキングを「デフォルト」から「利用可能時に表示」に変更し、「保存」ボタンをクリックします。

■列の表示設定

これで、在庫管理画面上から一目でAmazonランキングがわかるようになります。

🛒 ショッピングカート価格を表示しよう

在庫管理画面上からショッピングカート価格も見ることができます。

Amazonの販売において、ショッピングカート価格はとても重要なので、こちらも設定をしておくことをお勧めします。

手順は先ほどと同じで、カートボックス価格を「デフォルト」から「利用可能時に表示」に変更し、「保存」ボタンをクリックします。

■列の表示設定

これでショッピングカート価格が在庫管理画面上から一目で見られるようになりますので、価格改定の時に役に立ちます。また、リピート仕入れの時にも、価格変動が一目で見ることができるので、タイミング良く仕入れが

できるようになります。

その他の機能は、必要に応じて設定を変更してみてください。

🛒 入金は2週間ごと

売上や入金も、すべてセラーセントラルで確認できます。

Amazonは決済も代行してくれるため、あなたがすることは何もありません。売上からAmazon手数料が差し引かれた金額が、第2章で入力した銀行口座へ、2週間周期で自動で入金される仕組みになっています。

日付や金額の決済情報はセラーセントラルの「レポート」タブの「ペイメント」から確認することができます。

■「レポート」タブ

1つの儲かる商品で満足せず、派生リサーチをしよう

ブランドで派生させよう

　儲かる商品を1つ見つけて満足していては、非常にもったいないです。儲かる商品を増やすコツは、「1つの儲かる商品から、その周りの商品へ派生させること」です。そうすると、儲かる商品を効率良く探すことができます。

　たとえば、1つの儲かる商品を見つけたら、そのブランドの他の商品の中にも、儲かる商品があるかもしれません。そのブランド名で検索し直し、「人気度順」に並べ替えてみましょう。

色違い、サイズ違い、バージョン違いの商品を探そう

　商品によっては、色のバリエーションがある商品もあります。そのような商品の場合は、色違いの商品も見落とさないで、別の色の商品もリサーチしてみてください。たとえば、ある商品でピンクが売れていたとしたら、青も売れているなど、男女別の両方の色で稼げる場合もあります（249ページで説明する子供用カメラのような商品です）。

　他にも、iPhoneケースなどは様々な色がありますので、1種類で満足せず、すべての色をリサーチしてみるといいです。

　またアパレル関連の商品だとS・M・Lのサイズがある場合があるので、サイズ違いもリサーチすると儲かる商品を効率良く見つけられるでしょう。

　ゲームの場合は、"PS4版・PS5版"があったり、"Ⅰ・Ⅱ・Ⅲ"や、"2024年版・2025年版"など、様々なバージョンをリサーチしてみてください。

　さらに、"Ⅰ・Ⅱ・Ⅲ"や"2024年版・2025年版"が売れてたら、「次回に出る"Ⅳ"も売れるのではないか？」「2026年も売れるのではないか？」など、未来を予測してリサーチをすることもできますね。

🛒 Amazonの便利な機能を活用しよう

　Amazonには、購入者さんのデータに基づいて、関連商品を自動的に表示してくれるサジェスト機能というものがあります。

　商品ページの中段や下の方に、以下の表示があります。

■よく一緒に購入されている商品

■この商品を見た後に買っているのは？

■この商品を買った人はこんな商品も買っています

　こういったところからも関連商品は見つけられますので、ぜひ周辺の商品もリサーチして、儲かる商品を派生させていきましょう。

SECTION 9 Amazonで実際に仕入れて稼ごう①

儲かる商品を探そう

セラーのストアページからリサーチをした結果、今回はある程度売れている下のゲームソフトを選びました。

- FBAセラーのストアページ

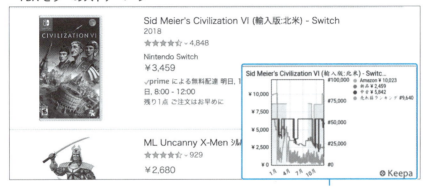

Keepaのミニグラフで確認。
ある程度売れている

クリックをして商品ページに飛びます。

セラーのストアページから商品をクリックすると、出てくる商品は出品者のページになります。よって、その該当出品者1セラーしか出品していないので注意してください。必ず商品名かASINをAmazonの検索窓にコピペし、検索し直して、正しい商品ページに飛びましょう。

- リサーチする商品（セラースケットで「アカウントリスクが低い商品」と表示）

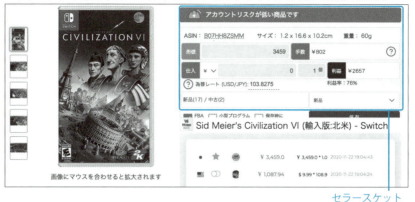

セラースケット

下にスクロールします。

- 価格の確認

需要供給のバランスをチェックしよう

　Amazonの商品ページを見ると、3459円でFBAセラーがショッピングカートを獲得しています。

　また、Keepaのランキング変動グラフ、キーゾンで販売個数を見てみると、

月間直近1ヶ月で25個、直近2ヶ月で17個、直近3ヶ月で13個と、売れ続けているのがわかります。

- Keepaのグラフ

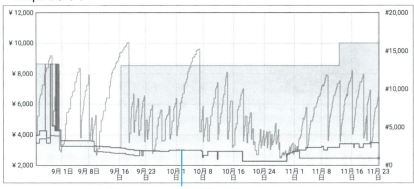

価格が2200円〜3800円前後で売れている

- キーゾンの販売個数

by Keezon	過去1ヶ月目販売数	過去2ヶ月目販売数	過去3ヶ月目販売数	平均月間販売数	3か月合計販売数
合計	25	17	13	18	55
新品	25	15	13	17	53
中古	0	2	0	0	2
コレクター	0	0	0	0	0

　カートボックス獲得の変動グラフで見ると価格が2200円〜3800円前後で売れていることがわかります。
　次にFBAのライバルの数を調べて自分が参入できるかどうかリサーチしましょう。「新品＆中古品 (19) 点」をクリックして、セラー一覧ページへ行きます。
　出品者は19人いますが、ライバルセラーの数を確認すると、FBA出品者は7人なのがわかります。
　ただし、3800円〜6002円のセラーは価格が高くショッピングカートを獲得できないので、ここではライバルと考えなくていいです。
　よって、ライバルセラーは、3459円〜3488円で出品している4人です。月

間25個売れている商品で4人なら、参入余地は十分にある商品と考えます。

■ セラー一覧

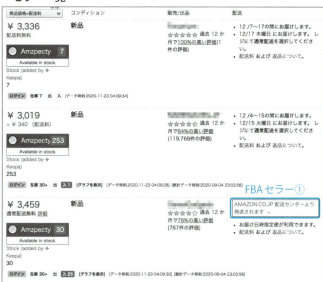

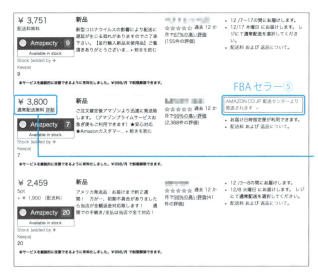

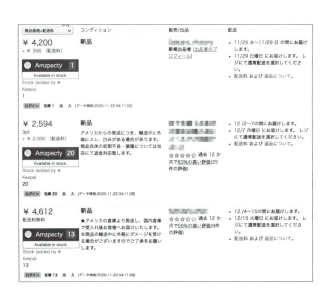

同一商品を探そう

　参入余地のある商品だとわかったら、AmazonアメリカでASINや商品名で検索して同一商品を見つけましょう。Amazonアメリカでは$9.99でAmazon.com本体がショッピングカートを獲得しています。

- Amazonアメリカの同一商品ページ

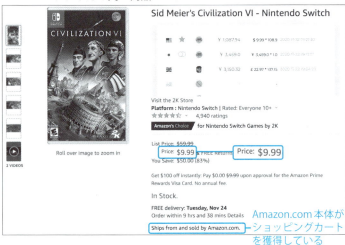

今回もAmazon.com本体から仕入れをします。

- Amazonアメリカのセラー一覧ページ

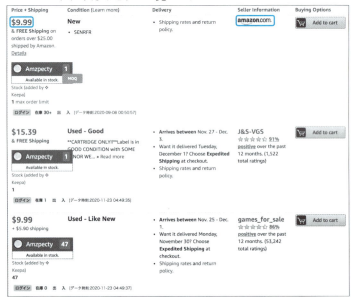

222

🛒 利益が出るか確認しよう

今回も転送会社を挟みますので、以下の計算式になります。

> ①販売価格－②仕入れ価格（商品価格＋送料＋関税＋消費税）－③Amazon手数料－④転送料－⑤国内配送料（FBAまでの送料）＝利益

①販売価格

販売価格は、ショッピングカート価格の3459円です。

②仕入れ価格

商品価格は、Amazonアメリカで実際に購入画面に進んでいくと、日本円換算で1132円です（為替レートは2020年11月で105円以上です）。

これはアメリカの転送会社の住所を発送先にしていますので、転送会社までの「商品価格＋送料」になります。

関税＋消費税は、今回も転送業者を使ってまとめ仕入れをする前提ですので、合計金額の12％と仮定すると、136円となります。

▪ 購入画面

③ Amazon手数料

　Amazon手数料はセラースケットで計算すると、合計802円かかります。よって、3459円で販売した場合に2657円の入金になります。

▪ セラースケット

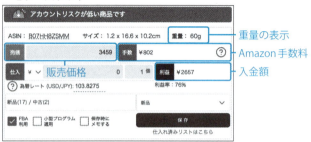

④ 転送料

　転送料は、1kg1000円（関税・消費税込み）とすると、この商品は0.06kgなので、60円とします。

⑤ 国内配送料（FBAまでの送料）

　国内配送料（FBAまでの送料）は、まとめて納品するとして、1個あたり100円とします。

　以上から、利益計算をすると、次のようになります。

3459円－（1132円＋136円）－802円－60－100＝1229円
1229円÷3459円＝0.35530…

　1229円の利益が出て、利益率は35％以上となりました。
　1個あたりの利益は少し低いと感じるかもしれませんが、こういった商品

を複数個販売することにより利益は積み重ねることができます。ライバルが少ない商品なので、1229円の利益でも、5個売れるならば6145円の利益になります。

ヤフオク！の場合だと、売れれば売れる程、商品の保管、注文処理、梱包、出荷、配送、お客様対応など、作業が増えていきますので、外注や従業員がいない限り、自分自身が大変になります。ですから、1個1000円程度の利益の商品を扱うと、効率が悪くなります。

しかし、FBAを利用する場合は、一度まとめて納品してしまえば、すべての作業をやってくれますので、手間はかかりません。何個売れても作業量は同じなのです。

もっといえば、FBAを使うならば、1個数百円程度の利益でも数を売ることで利益を積み重ねた方がいいのです。「1個3000円以上の利益が出ないと仕入れない」という考えは捨てて、幅広い視野で商品リサーチをしていきましょう。

複数個購入する場合は、Amazonの購入画面の「Qty（購入数）:」をクリックして、数量を変更してまとめ買いすることも可能です。

▪ 購入画面

SECTION 10 Amazonで実際に仕入れて稼ごう②

儲かる商品を探そう

セラーのストアページからリサーチをした結果、今回はある程度売れている下の人形を選びました。

なお、この商品は対象年齢が6歳以上と商品に表記されているので、食品衛生法の対象外です。ただ、6歳未満の乳幼児が商品をなめたり口に含む可能性を完全に排除できるものではありません。あくまで参考事例として紹介しています。

- FBAセラーのストアページ

Keepaのミニグラフで確認。
ある程度売れている

商品をクリックすると、該当セラーのみの商品ページに飛びます。必ず商品名かASINをAmazonの検索窓にコピペし、検索し直して正しい商品ページに飛びましょう。

▪ リサーチする商品（セラースケットで「アカウントリスクが低い商品」と表示）

下にスクロールします。

▪ ショッピングカート価格は1万2450円

需要供給のバランスをチェックしよう

　Amazonの商品ページを見ると、1万2450円でFBAセラーがショッピングカートを獲得しています。Keepaでランキング変動グラフを見てみると、月

間12個程度売れているのがわかります。キーゾンで確認しても、直近1ヶ月で12個、直近2ヶ月で12個、直近3ヶ月で14個と、売れ続けているのがわかります。

- **Keepaのグラフ**

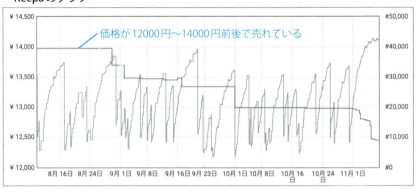

- **キーゾンの販売個数**

by Keezon	過去1ヶ月目販売数	過去2ヶ月目販売数	過去3ヶ月目販売数	平均月間販売数	3か月合計販売数
合計	12	12	14	12	38
新品	12	12	14	12	38
中古	0	0	0	0	0
コレクター	0	0	0	0	0

　カートボックス獲得価格の変動グラフで見ると、価格が1万2000円〜1万4000円前後で売れていることがわかります。よって、販売価格は1万2450円にします。しっかり、過去のカートボックス獲得価格変動グラフとランキング変動グラフを合わせることで、実際に売れている価格の予測をするようにしましょう。

　次にFBAのライバルの数を調べて自分が参入できるかどうかリサーチします。「32の新品/中古品の出品を見る」をクリックして、セラー一覧ページへ行きましょう。

　新品の出品者は32名ですが、ライバルセラーの数を確認すると、FBA出品者は13人なのがわかります。ただし、1万3480円以上のセラーは価格が高く

ショッピングカートを獲得できないので、ここではライバルと考えなくていいです。よって、ライバルセラーは現在9人と考えます。Keepaで月に12個売れていて、ライバルセラーが9人なので、仕入れ対象になります。

- セラー一覧

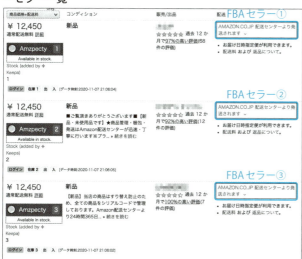

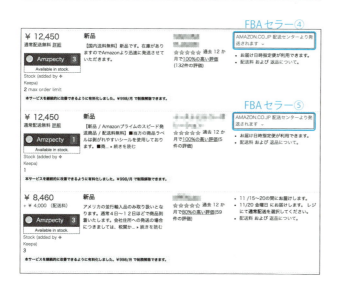

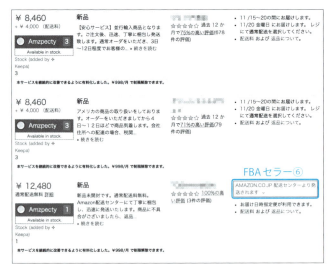

FBAセラー⑪

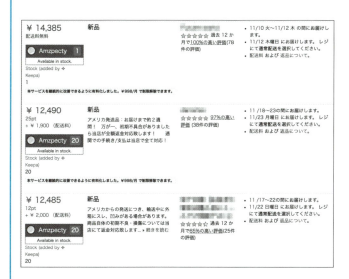

🛒 同一商品を探そう

　参入余地のある商品だとわかったら、AmazonアメリカでASINや商品名を検索して、同一商品を見つけましょう。Amazonアメリカでは$39.99でAmazon.com本体がショッピングカートを獲得しています。

- Amazonアメリカの同一商品ページ

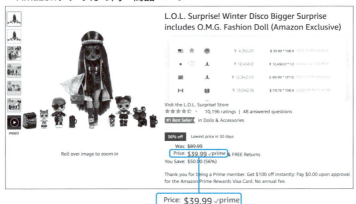

- Amazon.com本体がショッピングカートを獲得

　今回もAmazon.com本体から仕入れをします。

- Amazonアメリカのセラー一覧ページ

利益が出るか確認しよう

今回も転送会社を挟みますので、以下の計算式になります。

> ①販売価格 －②仕入れ価格（商品価格＋送料＋関税＋消費税）－③Amazon手数料－④転送料－⑤国内配送料（FBAまでの送料）＝利益

①販売価格

販売価格は、ショッピングカート価格の1万2450円です。

②仕入れ価格

商品価格は、Amazonアメリカで実際に購入画面に進んでいくと、日本円換算で4515円です（為替レートは2020年11月で105円以上です）。

これはアメリカの転送会社の住所を発送先にしていますので、転送会社までの「商品価格＋送料」になります。

関税＋消費税は、今回も転送業者を使ってまとめ仕入れをする前提ですので、合計金額の12％と仮定すると、542円となります。

▪ 購入画面

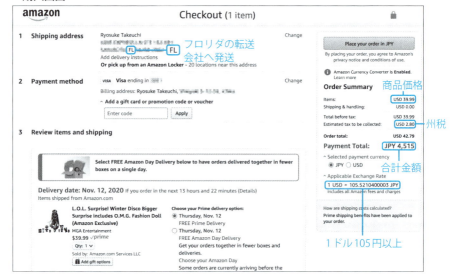

③ Amazon手数料

　Amazon手数料はセラースケットで計算すると、合計1897円かかります。よって、1万2450円で販売した場合に1万553円の入金になります。

▪ セラースケット

④転送料

転送料は、1kg1000円（関税・消費税込み）とすると、この商品は1.72kgなので、1720円とします。

⑤国内配送料（FBAまでの送料）

国内配送料（FBAまでの送料）は、まとめて納品するとして、1個あたり100円とします。

以上から、利益計算をすると、次のようになります。

1万2450円－（4515円＋542円）－1897円－1720円－100円＝3676円

3676円÷1万2450円＝0.29526…

3676円の利益が出て、利益率は30％程度となりました。

注意点としては、この商品はカードボックス獲得価格が下がりつつあるので、参入者が増えて価格競争になりつつあります。

いくら安くても大量に買いすぎず、1個程度にしておくのが無難です。

COLUMN 仕入れの恐怖を取り除く方法

　私のクライアントでなかなか仕入れられない方がいます。特に資金がない方や初心者の方は、最初は仕入れが恐怖だと思います。

　このような方は、まずは小額の商品を、1個ずつ仕入れてみることをお勧めします。

　まずは、「Amazonでものが売れる」「リサーチを間違えなければすぐに売れる」「利益が出せる」という小さな成功体験を積むことが大事です。

　このような小さな成功体験を積み重ねながら、仕入れ単価を1,000円→3,000円→5,000円→10,000円→20,000円→50,000円と上げていけばいいです。さらに、仕入れの個数も1個→3個→5個→10個→20個→50個→100個と増やしていけばいいのです。

　まずは、「仕入れ→販売→利益を出す」という経験をすることが大事です。「利益が出る」という実感を何度も経験することにより、仕入れへのメンタルブロックは自然となくなっていきます。

　私はこの方法で、今は1商品で1,000個以上仕入れられるようになりました。1日で海外送金を700万円以上する日もあります。始めた頃では考えられないようなことを、今はしているかもしれません。

　いきなりこのようになるのは難しいかもしれませんが、時間がかかってもいいので徐々に仕入れへの恐怖を取り除いていきましょう。仕入れの恐怖さえ取り除ければ、Amazon輸入で稼ぐことができます。

　少しずつ実践していけば、あなたも1年後、2年後はとんでもないところへいっているかもしれませんよ。

納品代行業者を使おう

納品代行業者を使うメリット

　これまで説明してきたように、FBAを使うことにより、商品の保管、注文処理、梱包、出荷、配送に関するお問い合わせ・返品対応まで、すべてを外注することができます。

　しかし、FBAを使っても、海外からの商品受け取り、検品、FBA納品は自分でやらなければなりません。

　サラリーマンの方で副業で実践したい場合は、日中自宅にいないことの方が多いので、なかなか荷物を受け取れないと思います。また扱う商品が増えて来ると、自宅での仮保管スペースが必要になりますし、FBA納品作業に手間と時間を取られることでしょう。

　こういった場合、転送業者からまとめて輸入した商品は、納品代行業者へ送ると、作業を効率化することができます。納品代行業者を利用すれば、海外からの商品受け取りから検品、FBA納品まで、すべて外注することができます。

　納品代行業者を使うことにより、「商品リサーチ」「仕入れ」という利益に直結する作業のみに専念できるので、利益を増やすことができます。また、PC1台で作業できるようになるので、時間と場所に余裕が生まれることになります。

　ただし、Amazon輸入を始めていきなり最初から納品代行業者を使うのではなく、最初は自分の自宅へ送り、自分で商品を受け取り、個々の商品を確認するのがいいでしょう。そして、商品ラベルや配送ラベルを貼り、FBA納品するという一連の作業をすべて自分で体験してみるのがいいです。何を外注しているのかがわからないと意味がないので、一連の流れをすべてやって

みて、理解してから外注化することをお勧めします。

🛒 納品代行業者の探し方

　納品代行業者は、Googleで「FBA 納品代行」などと検索すれば、たくさん見つかります。私自身も色々と良い業者を探したことがありましたが、安くても、サービスが悪い、ミスが多い、作業が遅いなどあったりしますので、一概にどこがいいとはいえません。

　また、家族や友人が、業者より安く手伝ってくれる場合には、代わりにやってもらうというのも手です。

　自宅でできる仕事ですので、事情があり外で働けない方も喜びますし、雇用創出にも繋がります。

🛒 納品代行業者を使うステップ

　海外から仕入れた商品を納品代行業者まで発送することになりますので、日本直送する場合や、転送業者を利用する場合にも、配送先を納品代行業者の住所に指定します。

　納品時には、163～164ページで説明した「商品ラベル」と「配送ラベル」を、納品代行業者へメールで添付して送る流れになります。それを商品や箱に貼り付けてもらい、Amazonまで発送してもらいます。

COLUMN Amazon輸入は真面目なビジネス

　私は、今でこそ1日に1時間も満たない作業で、月収1000万円以上を安定して稼げるようになりましたが、最初の頃は、本当に真面目にコツコツと商品リサーチをしてきました。2012年にAmazon輸入ビジネスをスタートしましたが、最初に月収10万円を達成するのに、実は半年近くかかりました。

　その半年間は、基本の商品リサーチをひたすら実践していました。

　最初の半年間で苦労して、基礎となる土台を作ってきたからこそ、今があると考えています。

　Amazon輸入ビジネスは、あくまで価値のある「モノ」を安く仕入れて、高く販売するだけです。

　とてもシンプルで、理にかなったビジネスモデルです。

　しかし、簡単ではありますが、最初は商品リサーチをし続けて、儲かる商品を見つけ続けなくてはなりません。シンプルな分、少し実践したくらいでは最初から大きく継続的に稼ぐことはできないですし、まずは行動（商品リサーチ）し続ける必要があります。

　どのようなビジネスも立ち上げの時期が一番大変ですが、Amazon輸入も同様です。ゼロから月収10万円を稼ぐ時期が一番大変です。

　しかし、月収10万円までは、「リサーチ」と「仕入れ基準」さえ間違わなければ、行動し続けるだけで結果を出すことができます。学歴・スキル・才能、そういうものはいっさい関係なく、いかに真面目に行動し続けたかが「稼げる・稼げない」の最初の分かれ目になります。

　とにかく真面目にコツコツ行動し続けて、経験を積み上げていけば、どんな普通の個人でも、ある程度までは稼げるようになると思っています。私のクライアントでも、真面目に行動し続けている人が稼げるようになっています。

　色々うまくいかないこともあるかもしれませんが、根気よく真面目に、継続して頑張っていく人がAmazon輸入で成功する人です。

COLUMN 月収10万円は誰でも稼げる

　私のAmazon輸入ノウハウは、月収1000万円以上大きく稼ぐこともできるし、月収10万円という小さな成功体験もしやすいです。コンサル生の中にも月収100万円以上稼ぎ独立した方は多数いて、今や人数は数え切れません。月収1000万円レベルも20名以上はいます。

　インターネットビジネス初心者の9割は5000円以下しか稼げないというデータがありますが、Amazon輸入で月収10万円は、やれば誰でも稼げます。堅実で手堅く、非常に再現性が高いです。実際、コンサル生からこんな感想をいただいたこともあります。

　「お恥ずかしいですが、僕は3年間月利0円の輸入ビジネス経験を持っていました。妻、子供と家族3人で暮らしていますが、家の貯金はもう10万円を切り、家の物を売りながら毎月の支払を乗り越えるというギリギリな自分が苛立たしく思えていた毎日でした」

　「コンサル開始からはビジネスに対する取り組み方と、何をするべきかを丁寧に教えていただき、『Amazonで商品が売れるわけがない』という思いから『やればやるだけ売れる商品をつかむことができる』というマインドにあっという間に変わっていき、コンサル開始3か月目には月収10万円を手にすることができました。普通の人よりは進みが遅いかもしれませんが、3年間で何一つ掴めず家族を不安にさせていた自分が嘘のようでした」

　現在サラリーマンの方、主婦の方、アルバイトの方、大学生の方、無職の方など、様々な事情の方がいると思いますが、僕自身がニートから稼げたように、誰にでも稼ぐことは可能なのです。月収10万円稼げれば、年間120万円の収入となります。副業で年間120万円の収入があれば、どれだけ生活が変わるかを想像してみてください。

　これから卸やメーカー仕入れの話もしていきますが、もしあなたがインターネットビジネス初心者の場合は、まずは単純転売で基礎を実践するのが大事です。ここまでに解説したノウハウで副業月収10万円を確実に稼いで、小さな成功体験をしてください。私も最初の半年間はそういった単純転売をして、今の土台を作りました。その後に卸仕入れ、メーカー仕入れ、独占販売権、海外販売など、さらに上級のノウハウを実践し、月収10万円→100万円→500万円……とステップアップしていったのです。

第4章

月収30万円稼ぐための
6ステップ

　Amazon輸入で月収30万円稼ぐステップを進めていきます。

　立ち上げの時期である「0→10万円」は、遠い壁のように感じるのですが、「10万円→30万円」は、今やっていることを増やすというイメージなので、「0→10万円」よりは比較的簡単に達成できます。

　月収10万円稼ぎ基礎ができたら、次はツールを上手く活用してリサーチを効率化したり、仕入れ先を拡大していきましょう。

　月収30万円あれば、生活するには困りませんので、独立・起業をすることもできます。

SECTION 1 安く仕入れできるタイミングを逃さないようにしよう

Keepaのトラッキング機能を使おう

　販売先であるAmazon日本で価格が変動するように、仕入先のAmazonアメリカでも価格は変動しています。このAmazonアメリカの価格が下がったタイミングを逃さないツールがあります。

　それはKeepaのトラッキング機能です。Keepaには、Amazonアメリカの商品の価格が、自分が指定した価格よりも安くなった時にメールを受信できる便利な機能があります。

　使い方は簡単です。まず、Amazonアメリカのトラッキングしたい商品ページを開き、Keepaの拡張機能が表示されている場所までスクロールします。

　「商品のトラッキング」というタブがあるので、クリックしてください。

▪ 商品ページ

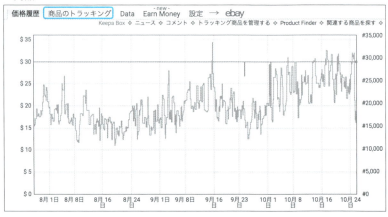

すると、以下の画面になります。

- 商品のトラッキング

　新品のカートボックス価格をトラッキングをする場合は、ピンク色の部分に価格を入力します。

　Amazon本体のトラッキングをする場合は、オレンジ色の部分に価格を入力します。

　Amazon本体以外の新品の出品者の価格をトラッキングをする場合は、青色の部分に価格を入力します。

　Amazon本体以外の中古の出品者の価格をトラッキングをする場合は、グレーの部分に価格を入力します。

　なお、設定しない項目は空欄で問題ありません。

　ログインして使用すると、デフォルトでAmazon本体のみに、5％の値引率で価格が自動入力されます。

　ここで、右上にある「複数のロケールでトラッキングする」をクリックすると、以下の画面になります。この画面で、各国のAmazonにチェックを入

れると、世界中のAmazonを横断してトラッキング設定することが可能です。世界中のAmazonにチェックを入れて、世界中から値引き通知を受け取れるようにすると、ライバルと差別化することができます。

- **複数のロケールでトラッキングする**

また、右下の「トラッキングモード」で、「アドバンスド」を選択すると、より詳細な設定ができます。

- **商品のトラッキング**

信頼度の高いFBAセラーのみをトラッキングする場合は、青色の部分の「新しい、第三者FBA」に価格を入力しましょう。

- 出品者の絞り込み

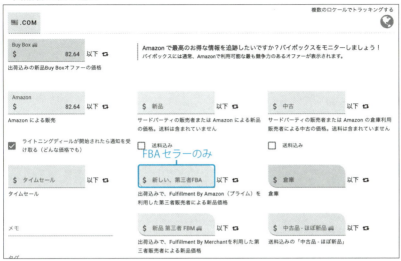

トラッキング対象は該当商品のトラッキングを続ける期間です。

すべて設定が完了すれば「トラッキング開始」をクリックしましょう。以下のような画面が表示されますので、「メールアドレス」というボックスに、価格が下がった通知を受信したいメールアドレスを入力します（Telegram Messenger、Web プッシュ通知、RSS フィードなどでも受け取ることができます）。Keepaのサイトにログインしていれば、デフォルトでアカウントのメールアドレスが設定されています。

▪ メールアドレスの設定

　これで設定は完了です。販売価格が、入力した希望価格以下になった時、指定したメールアドレスに通知が来るようになりました。
　後はメールが来るのを待つだけです。希望価格以下になった時、以下のように、受信箱に実際にメールが届きます。

▪ 受信箱

　メールを開くと、下の内容が表示されます。このメールが届いたら、「それを買う！」をクリックするだけで、すぐにAmazonアメリカのサイトへ行って仕入れることができるのです。
　このメール通知機能を使えば、安くなったタイミングで仕入れをすることが可能になります。希望価格さえ設定しておけば、自動で儲かる商品を探してきてくれるツールといっても過言ではありません。商品をたくさん登録し

ておくことで、作業をどんどん効率化していってください。

- メールの文面

なお、Keepaの「設定」というタブに切り替えると、中段でトラッキングの固定の設定ができます。

たとえば、「デフォルトの目標価格」の部分では、希望の値引き率をあらかじめ設定することができます。「トラッキングモード」「トラッキング対象期間」も、固定の設定をすることができます。

必要に応じてカスタマイズしてみてください。

設定

価格履歴　商品のトラッキング　Data　Earn Money　設定　→　ebay

Keepa Box ✧ ニュース ✧ コメント ✧ トラッキング商品を管理する ✧ Product Finder

チャートの外観

表示するグラフ	**Amazon**　新品　中古
期間	1日　1週間　1ヶ月　**3か月**　1年間　全期間
クローズアップビュー	**オン**　オフ
極端な価格を無視する	**はい**　いいえ
ツールチップの日付のフォーマット	**月, 10月 26 6:00**　6:00 - 26/10/2020　10月 26, 6 am　26. 1

トラッキングの設定

トラッキングモード	**Basic**　Advanced　Pro
デフォルトの目標価格	5 ％ (1〜90 で指定)
デフォルトで数値を入力するカテゴリ	**Amazon**　新品　中古
トラッキング対象:	2 週　1 月　3 月　6 月　**1 年**　2 年　3 年　10 年
トラッキングしている商品のタイムセールの通知を受け取る	**はい**　いいえ
Get notified once a Lightning Deal for a tracked product has started	はい　**いいえ**
一度通知されたアラートを再度有効にするまでの期間	1 **日**間　有効にしない ◻

SECTION 2　5日間で32個売って8万円稼いだ商品を公開

camelcamelcamelで値下がりを予測した！

　以前の本では、海外Amazonの値下げ通知機能は、camelcamelcamelというツールを紹介していました。実際に私もcamelcamelcamelでたくさん稼いできましたし、まだツールも利用できます。

- camelcamelcamel　https://camelcamelcamel.com

　しかし、今はKeepaのトラッキングをお勧めしています。なぜなら、camelcamelcamelよりKeepaの方が、メール通知が速く来る商品もあるからです。

　camelcamelcamelとKeepaは、値下げ通知機能という点では同じツールですので、ここでは、参考事例として実際に私がcamelcamelcamelを使って、「5日間で32個売って8万円稼いだ商品」を公開します。それは、以下の商品です。

■8万円稼いだ商品

私はcamelcamelcamelを使うことにより、この商品の仕入れ値を33％下げることに成功したのです。
　2012年に仕入れた商品なのですが、この商品のAmazonアメリカの商品の過去の価格推移は以下になります。

■過去の価格推移（2013年1月13日のデータ）

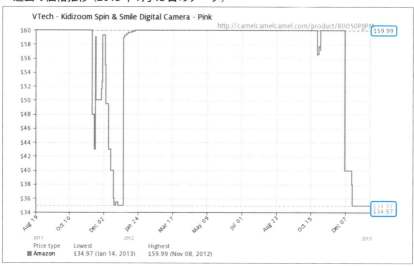

　よく過去の日付を見てみると、"年末にだけ"価格が大きく下がっていることがわかります。これに気づいたことで、私は2012年末の値段が大きく下がる前から、「今年も大きく下がるのではないか」と予測することができました。
　直近の5回の価格変動した日時とその価格を見てみると、普段$59.99で売られていたこの商品が2012年11月9日に$59.97になり、12月6日に$39.99まで一気に安くなっているのがわかります。

■直近の5回の価格変動

Last 5 Price Changes

Date	Price
Dec 18, 2012 04:29 AM	$34.97
Dec 17, 2012 07:57 PM	$37.99
Dec 14, 2012 09:31 AM	$39.97
Dec 06, 2012 01:51 PM	$39.99
Nov 09, 2012 04:02 PM	$59.97

割引率は、($59.99 － $39.99)÷$59.99＝約33%になります。

私は希望価格を$40に設定していたので、この33%割引のメール通知を12月6日に受け取ることができました。「やはり来たか！」という感じでした。

この商品を知っているライバルはたくさんいても、この時Amazonアメリカでここまで価格が下がっていることを知っていたのは、おそらく私だけだったと思います。

その時日本ですでに販売しているライバルセラーはもっと高い価格で仕入れていることはほぼ間違いないので、すぐに仕入れれば、ライバルとかなり差別化ができます。

需要も問題なしだった

この時、当時のAmazonランキングの変動がわかるツールであるプライスチェックでこの商品の需要を調べると、日本の年末の売れ行きはすごい勢いでした。おもちゃカテゴリーでランキング2,000位前後を推移しており、売れすぎてグラフの変動がわからないほどになっています。

■プライスチェック（2013年1月13日のデータ）

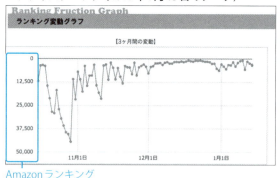

Amazonランキング

　私はクリスマス2週間以上前のこの時期、これからさらに売れるだろうと確信していました。しかし、2011年末は$34.97まで下がっていて、2012年12月6日の時点で$39.99だったので、「すぐにもう少し下がるのではないか？」と欲が出てしまったのと、転送の都合もあり、クリスマス前ギリギリに納品が間に合う、12月10日まで待ってからAmazonアメリカで購入しました。

■購入画面

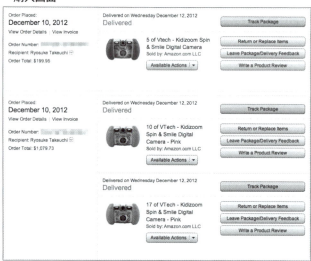

ピンク27個と色違いのブルー5個で計32個です（合計金額から個数を割ってみると1個$39.99で購入したことがわかると思います）。

　Amazonアメリカのプライム商品だったため、MyUSの転送会社に到着したのが12月12日で、転送をかけたのはその日の日付が変わった深夜でした。

■ MyUS

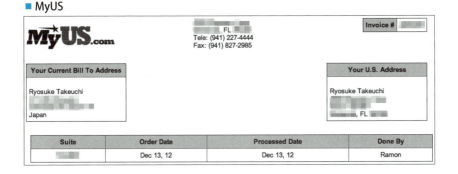

　その後、少し遅れてしまったのですが、クリスマス前の12月20日にAmazonに納品がされました。

結果は完売！

　その後、結果はどうなったかというと、12月20日から12月24日までの5日間で、32個が完売しました。以下がAmazonの注文画面です（他の商品と注文番号は黒塗りしています）。

■Amazonの注文画面①

2012/12/20 ①	注文に対する支払い	Vtech - Kidizoom Spin & Smile Digital Ca...	¥8,000	¥0	¥0	-¥1,090	¥0	¥6,910
2012/12/20 ②	注文に対する支払い	Vtech - Kidizoom Spin & Smile Digital Ca...	¥8,000	¥0	¥0	-¥1,090	¥0	¥6,910
2012/12/20 ③	注文に対する支払い	Vtech - Kidizoom Spin & Smile Digital Ca...	¥8,000	¥0	¥0	-¥1,440	¥350	¥6,910
2012/12/20 ④	注文に対する支払い	Vtech - Kidizoom Spin & Smile Digital Ca...	¥8,200	¥0	¥0	-¥1,110	¥0	¥7,090
2012/12/20 ⑤	注文に対する支払い	Vtech - Kidizoom Spin & Smile Digital Ca...	¥8,000	¥0	¥0	-¥1,390	¥300	¥6,910

■Amazonの注文画面②

2012/12/21 ⑥	注文に対する支払い	Vtech - Kidizoom Spin & Smile Digital Ca...	¥8,000	¥0	¥0	-¥1,090	¥0	¥6,910
2012/12/21 ⑦	注文に対する支払い	Vtech - Kidizoom Spin & Smile Digital Ca...	¥8,000	¥0	¥0	-¥1,090	¥0	¥6,910
2012/12/21 ⑧	注文に対する支払い	Vtech - Kidizoom Spin & Smile Digital Ca...	¥8,000	¥0	¥0	-¥1,090	¥0	¥6,910
2012/12/21 ⑨	注文に対する支払い	Vtech - Kidizoom Spin & Smile Digital Ca...	¥8,000	¥0	¥0	-¥1,440	¥350	¥6,910
2012/12/21 ⑩	注文に対する支払い	Vtech - Kidizoom Spin & Smile Digital Ca...	¥8,000	¥0	¥0	-¥1,090	¥0	¥6,910
2012/12/21 ⑪	注文に対する支払い	Vtech - Kidizoom Spin & Smile Digital Ca...	¥8,000	¥0	¥0	-¥1,090	¥0	¥6,910
2012/12/21 ⑫	注文に対する支払い	Vtech - Kidizoom Spin & Smile Digital Ca...	¥8,000	¥0	¥0	-¥1,440	¥350	¥6,910
2012/12/21 ⑬	注文に対する支払い	Vtech - Kidizoom Spin & Smile Digital Ca...	¥8,000	¥0	¥0	-¥1,390	¥300	¥6,910

■ Amazonの注文画面③

■ Amazonの注文画面④

■ Amazonの注文画面⑤

第4章 月収30万円稼ぐための6ステップ

■ Amazonの注文画面⑥

2012/12/23 ㉒	注文に対する支払い		Vtech – Kidizoom Spin & Smile Digital Ca...	¥7,600	¥0	¥0	-¥1,715	¥665	**¥6,550**
2012/12/23 ㉓	注文に対する支払い		Vtech – Kidizoom Spin & Smile Digital Ca...	¥7,600	¥0	¥0	-¥1,840	¥790	**¥6,550**
2012/12/23 ㉔	注文に対する支払い		Vtech – Kidizoom Spin & Smile Digital Ca...	¥7,800	¥0	¥0	-¥1,370	¥300	**¥6,730**
2012/12/23 ㉕	注文に対する支払い		Vtech – Kidizoom Spin & Smile Digital Ca...	¥7,800	¥0	¥0	-¥1,157	¥87	**¥6,730**
2012/12/23 ㉖	注文に対する支払い		Vtech – Kidizoom Spin & Smile Digital Ca...	¥7,800	¥0	¥0	-¥1,685	¥615	**¥6,730**
2012/12/23 ㉗	注文に対する支払い		Vtech – Kidizoom Spin & Smile Digital Ca...	¥7,800	¥0	¥0	-¥1,370	¥300	**¥6,730**
2012/12/23 ㉘	注文に対する支払い		Vtech – Kidizoom Spin & Smile Digital Ca...	¥7,800	¥0	¥0	-¥2,035	¥965	**¥6,730**

■ Amazonの注文画面⑦

2012/12/24 ㉙	注文に対する支払い		Vtech – Kidizoom Spin & Smile Digital Ca...	¥7,600	¥0	¥0	-¥1,050	¥0	**¥6,550**
2012/12/24 ㉚	注文に対する支払い		Vtech – Kidizoom Spin & Smile Digital Ca...	¥7,600	¥0	¥0	-¥1,350	¥300	**¥6,550**
2012/12/24 ㉛	注文に対する支払い		Vtech – Kidizoom Spin & Smile Digital Ca...	¥7,600	¥0	¥0	-¥1,050	¥0	**¥6,550**
2012/12/24 ㉜	注文に対する支払い		Vtech – Kidizoom Spin & Smile Digital Ca...	¥7,600	¥0	¥0	-¥1,715	¥665	**¥6,550**

利益としては、仕入れ値が当時（2012年12月10日）の為替レート（1ドル＝約83円）で計算すると、1個あたり約3,450円。転送費用・関税・FBA納品時送料は1個あたり約750円。販売価格は5日間の間で価格変動も多少はありましたので、それによってAmazon手数料も多少変動しましたが、平均すると約7,900円でした。

販売価格7,900円－仕入れ値3,450円－Amazon手数料1,100円－転送料・関税消費税・FBA納品時送料750円＝利益2,600円

2,600円×32個販売＝8万3200円の総利益になります。ちなみに、利益率は、利益2,600円÷販売価格7,900円＝約33％でした。

さらに派生商品でも儲けられた！

私はこの商品のAmazonアメリカでの33％安売りに気づけたことにより、派生させて他の種類の子供用デジタルカメラの安売りにも気づくことができました。そのため、この商品だけでなく、他の種類の子供用デジタルカメラ、またその他すべてのカラーでも稼ぐことができました。

ちなみに、その後、クリスマスが終わったあたりから、Amazonアメリカでの安売りに1歩遅れて気づいた大勢のFBA出品者が参入してくるようになりました。

この商品のその後の状況はというと、出品者は50人近くまで膨れ上がり、価格競争が起こり、販売価格は4,000円を切るほどの価格下落ぶりでした。

Amazonアメリカのプライム商品の場合、いかにタイミング、スピードが大事であるかわかると思います。

■ camelcamelcamelで見る、その後のAmazon日本の価格推移

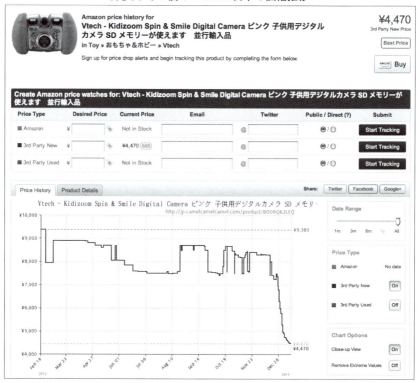

リピート仕入れをしよう

一度売った商品は繰り返し仕入れて販売しよう

　実際に仕入れて販売をして利益が出た商品は、繰り返し仕入れて販売をしましょう。

　一度売った商品は、実体験に基づいたデータが取れていますので、次回は自信を持って仕入れ判断ができるようになります。また、新たにゼロから商品を探さなくてもいいですし、仕入れ先や、売れるスピード感もわかっています。

　そのため、このような商品を増やしていくことで、短時間で効率的に稼ぎを積み重ねることが可能になります。出品したセラーセントラル画面の在庫管理画面はあなただけの資産になりますので、削除せずに保管しておくといいですね。

　なお、注意点としては、仕入れ価格や販売価格、ライバルの数が変わっていることもありますので、タイミングやスピードを重視して仕入れをしましょう。

SECTION 4 全世界のAmazonをリサーチしよう

Keepaの「他のロケールと比較」機能を活用しよう

　アメリカAmazonから仕入れるのに慣れてきたら、仕入先を拡大し、世界のAmazonから仕入れるのが有効です。しかし、全世界のAmazonに一つ一つアクセスし、検索をしていくのは骨の折れる作業になります。

　ここでは、Keepaの拡張機能を紹介します。Amazon本体が出品しているか否かなど、詳細に世界価格の状況がわかります。

　グラフ下にある「他のロケールと比較」をクリックします。

- グラフ下

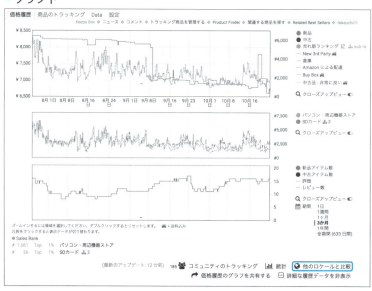

すると、海外のAmazonとの価格比較一覧が、円換算されて表示されます。一番安い国は緑の帯で表示されます。

▪ 価格比較一覧

🌐 他のロケールの Amazon と価格を比較				
	¥	Amazon	新品	中古
北米: Amazon.com	6,819	6,594	5,169	☆ 🚚
Amazon.ca	8,790	7,806	6,666	☆ 🚚
Amazon.com.mx	13,258	8,067	-	☆
南米: Amazon.com.br	-	13,948	-	☆
ヨーロッパ: Amazon.co.uk	11,674	10,217	9,159	☆ 🚚
Amazon.de	8,666	8,580	8,060	☆ 🚚
Amazon.fr	11,352	10,377	8,432	☆ 🚚
Amazon.it	10,735	10,377	7,148	☆ 🚚
Amazon.es	10,289	10,289	9,139	☆ 🚚
アジア: Amazon.co.jp	-	6,721	-	☆ 🚚
Amazon.in	-	9,099	-	☆

　Keepaでは日本、アメリカ、カナダ、メキシコ、ブラジル、イギリス、ドイツ、フランス、イタリア、スペイン、インドの11ヶ国のAmazonでの最安値が表示されます。クリックすれば、各Amazonの商品ページへ飛ぶこともできます。

　注意点としては、同じASINコードでないと表示がされません。また商品によっては、すべての国で販売されているわけではありませんので、表示されない場合もあります。

　なお、表示された価格比較一覧の最下部の「Always show "Compare Amazon prices" directly below the graph.」にチェックを入れると、全世界のAmazonの最安値が、常に商品ページ上に表示されます。

▪ 価格比較一覧の最下部

☑ Always show "Compare Amazon prices" directly below the graph.

▪ 全世界のAmazonの最安値表示

🛒 ヨーロッパからも仕入れよう

　Keepaの「他のロケールと比較」機能を使うと、アメリカよりもヨーロッパの方が安い商品も見つかります。

　ただし、ヨーロッパのAmazonでの実際の商品代金は、購入確認画面まで進まないとわからないので注意してください。

　なぜなら、ヨーロッパのAmazonで購入手続きを進めると、「購入確認画面で商品価格が値下がりする」という現象が生じるからです。これはヨーロッパのAmazonでは、VATという付加価値税が20％前後上乗せされて販売されているためです。

　VATはEU圏内の購入者が支払うものであり、日本へ直送する場合はEU外取引なので免除されます。

　また、複数個購入した場合に、送料が大きく値下がりすることもありますので、実際に購入確認画面まで進み、仕入れ値を確認してから、利益計算をしてください。

　このような理由から、ヨーロッパのAmazonから仕入れる際は、基本的には転送会社を使わず日本直送をすると思ってください。日本直送の場合は配送スピードも速いですし、転送会社を使ったアメリカ仕入れと比較して、輸送中の商品破損リスクも低いです。

　すべての商品を日本直送できるわけではないので、日本直送できる商品を探す必要がありますが、アメリカから仕入れるより、ライバルが少ないので面白い市場です。

世界最大のオークションサイト「eBay」から仕入れよう

eBayを始めよう

　eBayとは、アメリカを拠点とする、世界最大のインターネットオークションサイトです。世界で約40カ国に展開されていて、1億点以上の商品が販売されています。日本のヤフオク!の世界版というイメージです。

　海外Amazon仕入れに慣れてきたら、仕入れ先としてeBayもぜひ使ってください。eBayから安く仕入れられることができれば、海外Amazon仕入れだけをしているセラーと差別化をはかることができます。

■ eBay

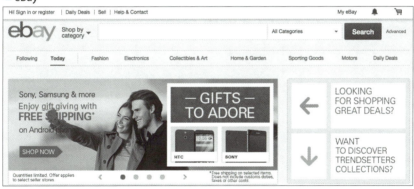

http://www.ebay.com/

eBayに登録しよう

　eBayで仕入れるためには、eBayに購入アカウントを登録する必要があります。Amazonアメリカと同様に、購入アカウントは無料で作成することができます。

まずはeBayにアクセスし、左上の「register」をクリックしてください。

■ register

情報入力画面になります。「名前」と「Eメールアドレス」と「パスワード」を入力してください。

ちなみに、アメリカの場合は、First nameは名前で、Last nameは苗字になります。

すべて入力したら「Register」をクリックします。

■ 情報入力画面

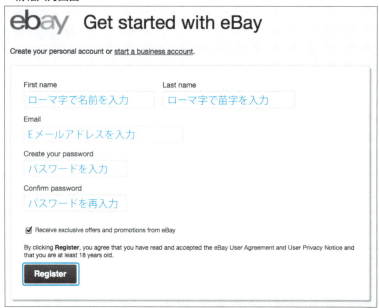

以下の画面になりましたら、登録は完了です。「Continue」をクリックするとトップ画面に戻ります。

■ 登録完了画面

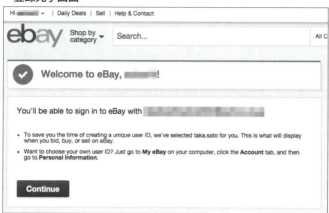

　指定したメールアドレスにも、「Welcome to eBay!」というタイトルのメールが届きますので、確認してください。

配送先住所を登録しよう

　購入アカウントができたら、Amazonアメリカと同様に、配送先住所だけ登録をしましょう。
　eBayトップ画面右上の「My eBay」をクリックしてください。

■ My eBay

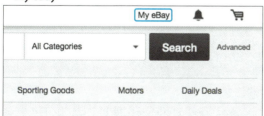

「My eBay」から「Account」のタブを選んでください。

■「Account」タブ

次に、「My eBay Views」の中から「Addresses」をクリックします。

■ My eBay Views

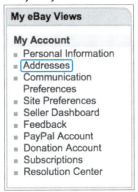

「Registration address」の右側の「Create」をクリックしてください。

■「Addresses」ページ

次の画面の「Update your information」のページに関しては、以下を参考

にしてください。

■入力項目

Country / Region	国名
Address	都道府県、市町村以外の住所
City	市町村
State / Province / Region	都道府県
Postal Code	郵便番号
Phone number	電話番号

　なお、海外サイトに日本の住所を登録する際は、順番は逆に入力していきます。また、電話番号に関しては、先頭の0を取って、日本の国番号の「+81」を頭につけてください。

■ Update your information

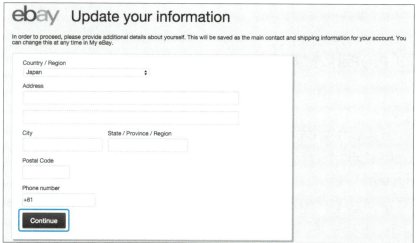

　入力したら「Continue」をクリックします。
　「Registration address」と「Primary shipping address」に、登録した住所が反映されます。

転送会社を使う場合は、「Primary shipping address」の「Change」から変更をしてください。

■「Addresses」ページ

eBayのユーザーIDはあなたが入札、購入する際にeBay上に表示されます。また、eBayセラーへの連絡、評価、製品レビューを残す際にも表示されます。

eBayのユーザーIDを変更したい場合は、右上の「My eBay」から「Account」タブをクリックし「Personal Information」に進んで手続きを行ってください。

これで準備は完了です。

PayPalに登録しよう

PayPalとは世界中で利用されている決済サービスです。PayPalを利用できるオンラインショップは900万店以上あります。203の国と地域で利用でき、26通貨に対応しています。

世界最大のオークションサイトであるeBayでも、PayPalを通して取引がされます。

PayPalにクレジットカード情報を登録しておくと、PayPalを利用できるオンラインショップで買い物をする際、クレジットカード情報をショップにいっさい伝えずに、より安全に支払いができます。

また購入時に、クレジットカード情報をその都度入力する必要はなく、PayPalに登録したメールアドレスとパスワードを入力するだけで支払いができます。

海外Amazon以外で購入する場合は、基本的にはPayPalを使って購入するようにしましょう。

　右上の「新規登録」から、パーソナルアカウントに登録をしてください。

■ PayPal（http://www.paypal.jp/）

　PayPalアカウントの登録が完了したら、eBayとPayPalを紐づけましょう。

　「My eBay」から「Account」タブをクリックし「PayPal Account」に進んでください。

　「Link My PayPal Account」をクリックし、次の画面でPayPalに登録したメールアドレス、パスワードを入力します。

　最後に「Link Your Account」をクリックしましょう。

　これで世界最大のオークションサイトであるeBayから仕入れができるよ

うになりました。

■ PayPalの紐づけ①

```
My eBay Views

My Account
  ▪ Personal Information
  ▪ Addresses
  ▪ Communication
    Preferences
  ▪ Site Preferences
  ▪ Seller Dashboard
  ▪ Feedback
  ▪ PayPal Account
  ▪ Donation Account
  ▪ Subscriptions
  ▪ Resolution Center
```

■ PayPalの紐づけ②

```
Already have a PayPal account?
Link your existing PayPal account to save time when you buy and sell items. To make things even easier, linking your PayPal account adds
your PayPal addresses to your eBay address book

[ Link My PayPal Account ]
```

　なお、PayPalは日本語サポートもしていますので、わからないことはメールや電話で積極的に問い合わせをするようにしましょう。

eBay購入時に注意すべき点

　eBayはオークションサイトなので、当然、中古品も出品されています。

　日本のAmazonで販売する商品を仕入れる場合は、基本的にはコンディションが「New」と書いてある新品を仕入れるようにしましょう。

　「Used」は中古品です。「New other (see details)」は「開封済み」「経年劣化あり」「箱に潰れあり」など、詳細説明を確認しないとわからないですが、訳あり商品の場合が多いです。仕入れは控えた方がいいでしょう。

　eBayの画面の左側には「Condition」という欄がありますので、「New」にチェックを入れるようにしましょう。

■ Condition

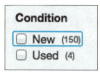

また、海外Amazon仕入れと同様に、誰から仕入れるかが重要です。基本的には、「トップセラー（Top rated seller）」か、「評価98%評価数100以上」の出品者から購入するようにしましょう（評価数が100未満のものでも評価率が100%であれば仕入れ対象にしてもいいです）。

🛒 eBayセラーに催促しよう

前章で、Amazon輸入はスピードが命だということを説明しました。

しかし、AmazonにはAmazon Primeがありますが、eBayにはそういったサービスはありません。海外セラーは日本のように、配送に関して几帳面ではありませんので、1週間後に発送するセラーもいます。

こういったことを解決するために、支払いが終わったら、eBayセラーに必ず催促をするようにしましょう。「My eBay」から購入履歴にいき、「More actions」から「Contact seller」をクリックします。ここからセラーにメッセージを送れますので、以下の要素を入れて送信してください。

①すでにPayPalで決済が完了しました。
②PayPalアカウントを確認して、できるだけ速く発送をしてください。
③発送後に、追跡番号と到着予定日を教えてください。

このような連絡をすると、「わかりました！明日には発送します！」という返信が来ることがあります。無料で配送スピードを上げることができますので、必ず実施するようにしてください。

SECTION 6 eBayで実際に仕入れよう

eBayの実際の購入手順

それでは、eBayで実際に儲かる商品を探し、購入しましょう。

137ページのブルーレイ「Watchmen ウォッチメン ブルーレイ」の商品を例に挙げます。

仕入れる商品

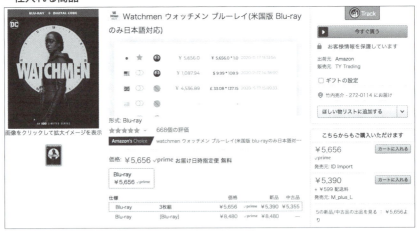

商品名の英語の文字をコピーして、eBayの検索窓に貼りつけましょう（アメリカAmazonの商品名をコピーすると速いです）。「Search」をクリックして検索します。

商品価格と送料の合計が安い順に表示されるように、「Price + Shipping: lowest first」を選びます。

■ Sort

また、新品を探していますので、「Condition」欄は「New」にチェックを入れましょう。

■ Condition

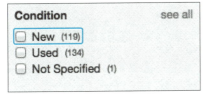

さらに、スピードを重視するために、即決で購入ができる「Buy It Now」にチェックを入れて絞ります。

■ Format

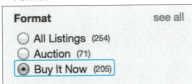

「新品」で「即決」で購入できる商品が安い順に並びますので、同一商品の一番安い商品をクリックします。

- 検索結果

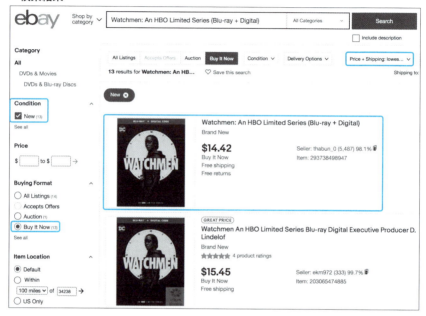

すると、商品ページが表示されます。

「Item condition」欄に「Brand New（新品）」の記載があります。送料は「Free shipping」という記載があります。評価率「98.1%」、評価数「5488」ですので、信頼していいでしょう。送り先は、「Ships from United States」と書いてますので、アメリカからの発送になります（中国、香港セラーからの仕入れは偽物の可能性もあるので気をつけましょう）。

購入を決めたら「Buy It Now」ボタンをクリックしましょう。

- 商品ページ

決済画面に移動します。合計価格は14.42ドルです。注文内容に問題がなければ「Confirm and pay」をクリックします。

- 決済画面

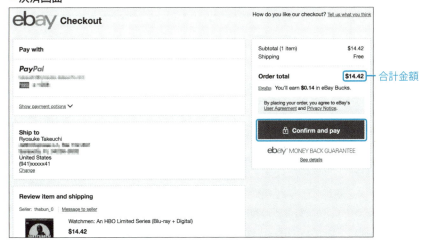

これでeBayの購入は完了です。

🛒 利益が出るか確認する

今回も、転送会社を挟みますので、以下の計算式になります。

①販売価格−②仕入れ価格（商品価格＋送料＋関税＋消費税）−③Amazon
手数料−④転送料−⑤国内配送料（FBAまでの送料）＝利益

②仕入れ値以外の、①販売価格、③Amazon手数料、④転送料、⑤国内配
送料は182ページと同じです。

②仕入れ値については、商品価格は1528円（商品価格14.42ドルの1ドル
106円で計算）、関税＋消費税は12%と仮定して183円となります。

5656円−（1528円＋183円）−1270円−60円−100円＝2515円

2515円の利益が出る計算になりました。

2515円÷5656円＝0.44466…

eBay仕入れでも利益率は44%程度あります。為替は関係なく、eBayの小
売仕入れでも簡単に儲かるのがわかります。

COLUMN 資金を物理的に考えよう

あなたが月収30万円を稼ぎたい場合、利益率を15%と仮定すると、200万円の
売上が必要になります。つまり、単純計算ではありますが、200万円程度は毎月仕
入れをする必要があります。後に説明する直接取引を行えば、もっと利益率を上げ
ることはできますが、毎月200万円を仕入れるために、クレジットカードや資金を
整える、商品リサーチをするということを考えて行動してください。

単純に30万円を稼ぎたいというだけでなく、そのためにいくら仕入れをする必
要があるのか、行動を仕入れ額から考えるようにしましょう。

第5章

月収50万円稼ぐための
4ステップ

Amazon輸入で月収50万円稼ぐステップを進めていきます。

月収50万円稼ぐには、独自の仕入れ先を開拓したり、新規商品ページを作成したり、ライバルがやっていないことを、積極的にやる必要があります。

この章ではライバルと差別化する方法を説明します。

季節商品とは？

商品には、年中売れる商品と、季節限定で売れる商品があります。そこで、年中売れる商品に加えて、季節商品を扱うと、利益をさらに積み重ねることができます。

たとえば、3月には引っ越し関係の商品や、花見・宴会グッズが売れます。

夏には水鉄砲や水着、クーラーボックスなど、冬には、クリスマス関連、おもちゃ、防寒アイテムなどが売れます。

ハロウィンの時期ならコスチュームやパーティーグッズなどが売れます。

需要がその時期だけ一気に上がりますので、短期間で爆発的に稼ぐことも可能です。

私のクライアントでも、ハロウィンで、コスチューム1商品だけで10万円以上を稼いだ方がいます。しかも、単純にAmazonアメリカから仕入れただけの商品で、です。

季節商品のリサーチ方法

第4章でAmazon輸入はタイミングが勝負だと説明しましたが、それは当然、季節商品も同じです。

季節商品は、「売れてきたから仕入れる」という、直近のデータから後追いする仕入れでも、利益を出すことはできます。しかし、それでは利益の最大化はできません。つまり、その場その場での仕入れ計画ではなく、1年の計画をしっかり立てて、行動することが大事です。

オークファンというサイトでは、ヤフオク!を始め、その他オークションサイトでの落札相場を、10年分、月ごとに見ることができます。オークファン

の検索ワードに「輸入」の文字などを入れて、落札の多い順に並べ替えて、リサーチしてみてください。月ごとにどういった輸入商品が売れているかを洗い出すことができます。

■オークファン

http://aucfan.com/

■オークファンの検索可能期間

期間検索

期間おまとめ検索

複数月をまたいで最大過去10年間の
データを一括検索できます。

| 3ヶ月 | 6ヶ月 | 1年 | 3年 | 5年 | 10年 |

最近30日

2020年

9月　8月　7月　6月　5月　4月
3月　2月　1月

2019年

12月　11月　10月　9月　8月　7月
6月　5月　4月　3月　2月　1月

2018年

12月　11月　10月　9月　8月　7月
6月　5月　4月　3月　2月　1月

2017年	⌄
2016年	⌄
2015年	⌄
2014年	⌄
2013年	⌄
2012年	⌄
2011年	⌄
2010年	⌄

　商品を特定しなくても、どういった商品がその時期に売れているかわかりますので、関連商品をAmazonでリサーチすることもできます。

　Amazonで売れているか確かめる場合は、モノレートで過去のランキングを見て、同じ時期に売れているかを確かめてください。これにより、いつからFBA納品して販売するのが最適か、ある程度把握することが可能です。

　季節商品を扱う場合の注意点は、時期を過ぎると売れなくなるということです。それなので、多く仕入れすぎて不良在庫を抱えないように気をつけてください。

SECTION 2 ネットショップから仕入れよう

仕入れ先を拡大しよう

AmazonやeBayでの仕入れに慣れてきたら、仕入れ先としてネットショップも使ってください。

ネットショップの方が、Amazon、eBayより安く仕入れられることがあります。また、他の仕入れ先では在庫切れの商品が、ネットショップでは仕入れられるということがあります。

それなので、仕入れ先を拡大する上で、ネットショップのリサーチ方法も知っておきましょう。

ネットショップのリサーチ方法

王道のリサーチ方法は、Googleショッピングで検索する方法です。

- Googleショッピング　http://www.google.com/shopping

- Googleショッピング

以前は海外のサイトを閲覧できましたが、仕様変更があり、今は日本にいたら日本のサイトしか表示されなくなりました。
　しかし、簡単な設定をすることで海外サイトが閲覧できるようになります。
　まず、Googleのトップページから右下にある「設定」をクリックしてください。

- Googleのトップページ

　表示されるウィンドウで、検索設定をクリックしてください。

- 設定

下の方へスクロールして「地域の設定」から「アメリカ合衆国」を選択します。

　保存ボタンをクリックすれば設定は完了です。

　再度、商品を検索するとアメリカのサイトに変わっているはずです。検索窓に、日本語文字を除いた商品名や、「メーカー名＋型番」を入れて検索してみましょう。

- **Googleショッピングの検索結果**

　該当商品を選択し、「ショップの価格を比較」をクリックすると、その商品を扱ってるショップ名、ショップ評価、価格を一覧で見ることができます。

- Googleショッピングの商品ページ

この中で、最安値のショップで信頼性のあるところから仕入れるようにしましょう。

🛒 ネットショップの信頼性の判断基準

Amazonアメリカやebayで評価の高いセラーを選んだように、ネットショップでも、信頼のあるところから仕入れるようにしましょう。

Googleショッピングの場合は登録制になっているので、表示されるショップは比較的信頼できるところが多いです。しかし、中には悪質なショップもありますので、できるだけ信頼できるところから仕入れるようにして、トラブルを避けるようにしましょう。

信頼のあるショップを見極めるには以下の手段があります。

①ショップの評価を調べる

Googleショッピングの場合はショップの評価がわかりますので、評価数の多いところ、評価率の高いところから仕入れるようにしましょう。

Googleショッピングに表示されないショップの場合は、以下の海外のレビューサイトでネットショップのレビューを見ることができます。

- Trustpilot.com   https://www.trustpilot.com/
- Resellerratings.com   https://www.resellerratings.com/

また評価数、評価率以外に、評価コメント欄も見てみましょう。どのような内容でトラブルが起こったかわかります。「fake」や「copy」という文字があるショップは、偽物を扱っている可能性がありますので、避けた方がいいです。これは、ネットショップに限らず、AmazonやeBayで購入する場合も同じことがいえますので注意してください。

②サイトの運営歴を調べる

サイトの運営歴を調べることで、信頼のあるネットショップかどうかを判断することができます。

悪質なショップは、1ヶ月〜1年程度と、運営期間が短い場合が多いです。運営歴が長ければ、信頼できるショップだという判断材料になります。

運営歴は下記のサイトで調べることができます。

- Archive.org   https://archive.org/

285

③ PayPalに対応しているか

　PayPalを通して購入すれば、PayPalを通して購入しない場合よりも、購入時のリスクをかなり抑えることができます。PayPalで購入すれば、たとえ取引に問題が発生した場合でも、PayPalがお金を保証をしてくれます。信頼のあるショップかを判断する際は、「PayPalに対応しているか」を基準にしてください。

④ 問い合わせをする

　ネットショップにはたいてい「contact us」というリンクがあり、ショップへメールを送ることができます。ここから「日本へ直送することは可能ですか？」など実際に質問を投げかけてみて、返信の早さ、内容を確認してみるといいです。ここでレスポンスが悪ければ、対応が悪いショップと考えて避けた方がいいでしょう。

⑤ ショップの住所を調べる

　多くのネットショップには、「About Us」というページがあります。日本でいう、特定商取引法に基づく表示のようなものです。「About Us」内で、ショップの住所が記載されていることが多いので、その住所を「Google map」で検索し、ストリートビューで確認します。住所の所在が明らかになっていれば、信頼できるショップだと判断できます。

⑥ 実際に仕入れる

　やはり実際に試しに1個仕入れてみて、商品は届くのか、どのくらいの配送スピードか、商品は偽物ではないかなどをチェックするのが信頼できるショップを見極める一番の手段になります。

　海外のネットショップの配送スピードは、日本のネットショップと同じように考えない方がいいです。注文した翌日に発送してくれるショップもありますが、2〜3日後に発送したり、中には1週間後に発送するというショップ

もあります。

信頼できると判断したら、安心して仕入れ量を増やしていき、継続的に取引をすることができます。

⑦ブランド品を安く販売しているショップは避ける

ブランド品を安く販売しているネットショップは、偽物の可能性が高いので、注意をしてください。

このようなショップは、ショップのメールアドレスがフリーメールアドレスなら、偽物販売サイトだと思った方がいいです。中国の偽物ショップの可能性がありますので、絶対に仕入れないようにしましょう。

さらに進んだネットショップのリサーチ方法

Googleショッピングでも安い商品は見つかりますが、以下のサイトから探すと、Googleショッピングに出てこないショップも出てきます。ライバルと差別化をはかるためには、なるべく見つかりにくいショップを見つけることが大事ですので、どうしても安く仕入れたい商品の場合は検索してみるのも手です。

- yahoo.com　　　　https://www.yahoo.com
- Google.com　　　　https://www.google.com
- Shopping.com　　　https://www.shopping.com/
- The find.com　　　　https://www.thefind.com/
- Pricegrabber　　　　https://www.pricegrabber.com

また、以下のようなポイントキャッシュバックサイトからリサーチするのも有効です。ポイントキャッシュバックサイトを経由して購入をすれば、商品価格の数％が後に返ってきます。したがって、ポイントキャッシュバックサイトに登録されているショップなら、通常価格よりも安く購入できます。

■ Mr. Rebates

https://www.mrrebates.com/

🛒 クーポンコードを利用しよう

　ネットショップから仕入れる場合は、クーポンコードを使用すると、安く仕入れられることがあります。

　クーポンコードとは、そのショップが独自に作った商品券のようなものです。ネットショップから購入する際は、「ショップ名　coupon」と検索すると出てくることがあります。ライバルと差別化をはかるために割引価格で仕入れられるように、クーポンコードを探すようにしましょう。

　「ポイントキャッシュバックサイト＋クーポンコード」の両方を使えば、かなりの割引価格で仕入れられることがありますので、利用しない手はないです。

🛒 ネットショップにメルマガ登録しよう

　ネットショップにメルマガ登録をしておくと、割引のメールが来ることもあります。これは日本のネットショップでもよくあることです。

　こういったセール情報をこまめにチェックしていくだけで、安く仕入れできる場合があります。継続的に購入するような、自分のお気に入りのネットショップを見つけて、ぜひメルマガに登録してみてください。

　メルマガに関していえば、メーカーサイトのメルマガにも登録しておけば、新商品の情報などをいち早くキャッチすることも可能ですので、こちらも登録しておくことをお勧めします。

SECTION 3 全世界のeBayをリサーチしよう

MATSUWARIを活用しよう

eBayは、世界中に展開されていると説明しました。

eBayアメリカで商品を検索すると、左側に「Item Location」という項目がありますので、「Worldwide」を選択しましょう。これによって、世界のeBayの商品が表示されます。

■ Item Location
○ US Only
○ North America
○ Worldwide

しかし、実は「Worldwide」と選択しても、世界のeBayのすべての商品が表示されるわけではありません。では、すべての商品を表示するにはどうすればいいのでしょうか？

全世界のeBayに一つ一つアクセスし、検索をしていくのは骨の折れる作業になります。

そこで使うのが、「MATSUWARI（マツワリ）」というサイトです。

■ MATSUWARI

https://www.matsuwari.com/

　キーワードを入れて検索すると、アメリカ、イギリス、ドイツ、フランス、カナダ、イタリア、スペイン、香港、オーストラリアの9カ国のeBayで同時検索ができます。

■ MATSUWARIの検索結果

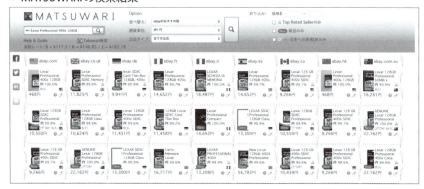

価格の絞り込みや「Top Rated Sellerのみ」「新品のみ」「日本への発送OKのみ」を選択できますので、必要に応じて絞り込んでみてください。

■ MATSUWARIの絞り込み機能

世界のeBayをリサーチしている人はあまりいませんので、実践すればライバルと差別化できるのは間違いありません。

eBayヨーロッパのセラーの特徴

eBayヨーロッパのセラーの特徴として、商品ページに自身のメールアドレスを載せていることがあります。eBayアメリカのセラーやショップでもたまに見かけますが、eBayヨーロッパのセラーの方が、メールアドレスを載せているセラーが多い傾向にあります。

それなので、そのメールアドレスにメールを送ると、eBayを通さずに、直接取引することが可能になります。その場合、eBayの手数料がないので、オファーをすれば値引きをしてくれる可能性があります。

eBayヨーロッパのセラーは、後に説明する直接取引や値引き交渉を行いやすいという特徴があります。

新規商品ページを作成しよう

独壇場で商品が販売できる

　これまでに、Amazon輸入で最速で結果を出す方法としては、すでにセラーが扱っている商品ページに、相乗り出品の形で出品するのが王道パターンだと説明してきました。

　この方法だと、すでに存在するページに出品するので、簡単に出品することができます。また過去のデータも取りやすいですし、GoogleやYahoo!の検索でも上位表示されますので、売れないというリスクは限りなく低いです。

　しかし、その分ライバルも簡単に出品できますし、参入者が多くなるのは事実です。参入者が多くなると、価格競争になるリスクがあります。

　そういったリスクを回避するために、自分で新しくAmazonの商品ページを作成することができます。

　もちろん、新規商品ページは、検索に表示されるまでタイムラグがありますし、絶対に売れるという確証がありませんので、デメリットはあります。また、自分で新しく商品ページを作成しても、商品が売れてきたら、そのページがライバルに見つかってしまい、相乗り出品されてしまう可能性もあります。

　メリットとデメリットはありますが、未開拓の市場を作ることができるので、独壇場で商品が販売できる可能性を秘めています。

🛒 新規商品ページを作成できる条件

　新規商品ページを作成するには、大口出品者であることが必要です。

　第2章でも説明したように、大口出品はメリットがたくさんありますので、本ノウハウを実践するのでしたら、大口出品登録をしましょう。

🛒 新規商品ページ作成の手順

　それでは、新規商品ページを作成してみましょう。

　セラーセントラルの「カタログ」タブから、「商品登録」をクリックします。

▪「カタログ」タブ

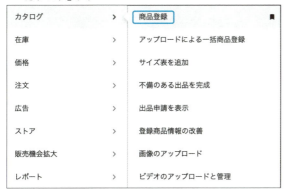

　次の画面で「空白のフォーム」を選択して、「開始」をクリックします。

▪ 商品の出品画面

続いて、商品名を入力します。

▪ 出品情報の作成画面

　左側の項目は今回は「必須項目」を選択します。より詳細に入力したい場合は、「おすすめ」「すべての項目」を選択してください。
　商品名は、「メーカー名」「型番」「品番」を記載するようにします。商品名はAmazon内のSEOを高める重要な要素です。要するに購入者さんが検索した

時に、上位にヒットするかしないかの鍵を握っています。381ページで説明するAmazonスポンサープロダクトで効果の高いキーワードを入れたり、Amazonのサジェストキーワードを優先的に商品タイトルに入れてください。サジェストキーワードというのは、検索バーに単語を入れると出てくる関連ワードのことです。

▪ サジェストキーワードの例

　アマゾンサジェストキーワード一括DLツールという、一括でキーワードをダウンロードできるツールもありますので、こちらも使ってみてください。

▪ アマゾンサジェストキーワード一括DLツール

https://www.azkw.net/

注意点として、必要以上に無駄なキーワードを入れる必要はありません。シンプルさを心がけてください。

また、並行輸入品を出品する場合は、商品名に「並行輸入品」と明記してください。

商品タイトルには以下のAmazonの規約がありますので遵守するようにしましょう。

- 付属品の説明は商品の仕様または商品の説明フィールドに追加できます。
- 本来の商品名と関係のない文章や記号を含めないでください。
- 各項目は半角スペースで区切ります。
- 商品名はスペースも含め全角50文字以内で入力してください。
- 服＆ファッション小物、シューズ＆バッグ、時計、ジュエリーの場合は、商品名はスペースを含め65文字以内で入力してください。
- スペースは半角で入力してください。
- 半角カタカナは使用できません。
- 英数字とハイフンは半角で入力してください。
- Type 1 High ASCII文字やその他の特殊文字、機種依存文字は使用できません。
- セール、OFF率、激安、送料無料、限定予約、入荷日、シーズンなどをタイトルに入れないでください。

※Amazonセラーセントラルより引用

商品名を入力すると、それに基づいて商品タイプが自動で選択されます。この商品タイプで出品するカテゴリーが絞られますので、間違っていれば「その他を選択する」から、正しいカテゴリーを選択しましょう。商品タイプが合っていれば、「確認する」をクリックします。

すると、次に「商品の識別情報」を入力する画面になります。

- **商品の識別情報画面**

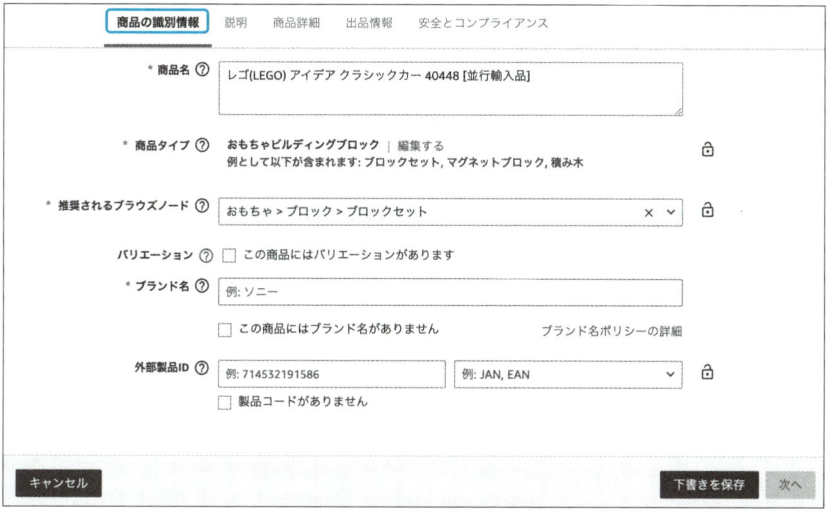

　カテゴリーによって違いますが、※印のある赤色の枠は必須項目です。

　「推奨されるブラウズノード」では、出品するカテゴリー、サブカテゴリーを選択します。

　「バリエーション」では、バリエーションがある場合にチェックを入れます。以下のように選択ができますので、サイズやカラーなどのバリエーションがある場合は登録します。

- **バリエーションの選択**

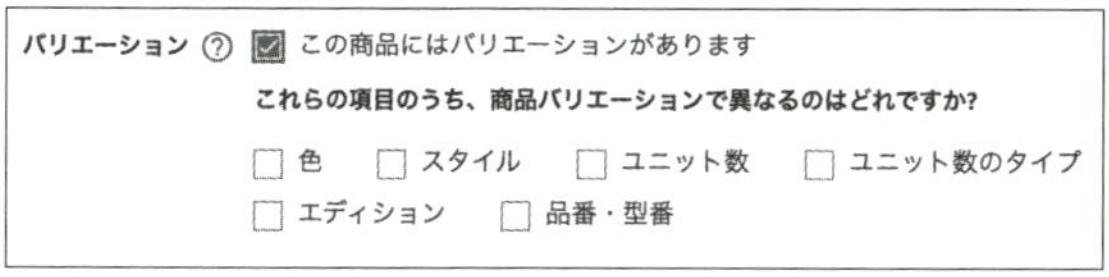

　ブランド名には、商品のブランド名を入力します。ブランド名がない場合は、「この商品にはブランド名がありません」にチェックを入れましょう。

　外部製品IDには、並行輸入品の場合は海外商品のUPC、EANを入力し、国

297

内商品の場合はJANを入力してください。コードで検索されることもあるため、入力した方がいいです。

入力が完了したら、「次へ」をクリックします。

すると、「説明」を入力する画面になります。

・説明の入力画面

ここでは、商品の仕様と商品説明文を記入します。

商品の仕様と商品説明文は、商品タイトル同様にSEOにも影響があると言われていますので、上位表示させたいキーワードを散りばめて入力することで、販売促進になります。

「Images」には、画像をアップロードしてください。商品画像はメイン画像1枚、サブ画像8枚の合計9枚をアップロードできます。9枚すべて掲載した方が販売促進になりますので、なるべくすべてアップロードしましょう。

- 画像のアップロード画面

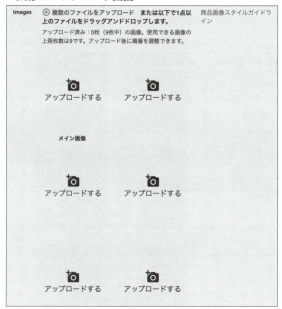

　とくにメイン画像に関しては、Amazonのガイドラインがありますので、ガイドラインに沿ったものを使いましょう。

- 背景は純粋な白画像＝RGB値（255,255,255）にする
- 販売商品のみを写す（付属品は省くか最小限にする）
- 画像全体の85％を占める必要がある
- 幅のいずれかが1600ピクセル以上必要（ズーム機能を使うための最小サイズ）
- 服＆ファッション小物、シューズ＆バッグ、腕時計、ジュエリーの場合、ズーム機能を使用するために、メイン画像の最長辺は1001ピクセル以上必要
- 不鮮明な画像、画素化した画像、端がギザギザに加工された画像は使用不可
- 商品の一部ではない文字、ロゴ、透かしが挿入された画像、イラスト、グラフィック使用不可
- フォーマット：JPEG（.jpg）、GIF（.gif）、PNG（.png）（JPEG形式推奨）

次に、「商品詳細」タブに進みます。

- 商品詳細の入力画面

ここでは、カテゴリーによって違いますが、商品の詳細を入力します。

「ターゲット層のキーワード」は、以下のプルダウンから商品のターゲットとなる層を選択してください。

▪ ターゲット層のキーワード選択画面

例: 十代の若者たち
女子用
女性用
男子用
男女子両用
男女両用
男性用

　「メーカー名」には、ナイキ、P&Gのような商品のメーカー名を入力します。

　「素材」では商品に使用されている素材をプルダウンから選択してください。

　「メーカー型番」には、294ページの「40448」のような型番・品番を入力してください。

　「輸入種別」では、正規品か並行輸入品かを選択します。

　「この商品はAmazon.co.jp限定商品ですか？」では、商品がAmazon限定商品の場合は「はい」、そうでない場合は「いいえ」を選択してください。

　「組立品」では商品が組み立てる必要がある場合は「はい」、そうでない場合は「いいえ」を選択してください。

　「製造元推奨の最少年齢と最高年齢」には、それぞれ推奨年齢を入力します。

　「付属品」には商品に付属している製品を明記します。

　次に、「出品情報」タブに進みます。

▪ 出品情報の入力画面

| 商品の識別情報 | ❶ 説明 | ❶ 商品詳細 | ❶ **出品情報** | ❶ 安全とコンプライアンス |

ⓘ **出品情報の登録をスキップし、後ほど追加することができます。**
　□ 出品情報の登録をスキップして、後ほど追加する。

ⓘ **現在、新しいバージョンの商品登録インターフェイスが表示されており、商品情報に関する要件が強化されています。**
　詳しくは、Amazonのヘルプページをご覧ください。

＊ **在庫数** ⓘ
152

＊ **商品の販売価格** ⓘ
JPY¥　例：50

＊ **商品のコンディション** ⓘ
例: 新品　　　　　　　　　　　　　　　　　　　　　　　⌄

＊ **フルフィルメントチャネル** ⓘ
　　○ 私はこの商品を自分で発送します
　　　（出品者から出荷）
　　○ Amazonが発送し、カスタマーサービスを提供します
　　　（Amazonから出荷）

　ここでは在庫数、販売価格、コンディションを記入してください。

　フルフィルメントチャネルでは、自分で発送するか、FBAで発送するか選択をします。

　下へスクロールすると、「商品本体サイズ」と「パッケージ寸法」の項目があります。

　商品本体サイズには、梱包なしの商品本体のサイズ（縦、横、長さ）を入力します。

- **商品本体サイズの入力画面**

商品本体サイズ ⑦
品目の長さ
* 商品本体サイズ：奥行き ⑦ 　例: 10
* 商品本体サイズ：奥行きの単位 ⑦ 　例: センチメートル ⌄
品目の幅
* 商品本体サイズ：幅 ⑦ 　例: 2
* 商品本体サイズ：幅の単位 ⑦ 　例: センチメートル ⌄
品目の高さ
* 商品本体サイズ：高さ ⑦ 　例: 2.7
* 商品本体サイズ：高さの単位 ⑦ 　例: センチメートル ⌄

　パッケージ寸法には、梱包を含めた納品時のサイズ（縦、横、長さ）を入力してください。

- **パッケージ寸法の入力画面**

パッケージ寸法 ⑦
パッケージ長
* 商品パッケージサイズ：奥行き ⑦ 　例: 50
* 商品パッケージサイズ：奥行きの単位 ⑦ 　例: ミリメートル、センチメートル、インチ ⌄
パッケージ幅
* 商品パッケージサイズ：幅 ⑦ 　例: 75
* 商品パッケージサイズ：幅の単位 ⑦ 　例: ミリメートル、センチメートル、インチ ⌄
パッケージ高さ
* 商品パッケージサイズ：高さ ⑦ 　例: 60
* 商品パッケージサイズ：高さの単位 ⑦ 　例: ミリメートル、センチメートル、インチ ⌄

第5章　月収50万円稼ぐための4ステップ

包装時の重さには、商品の重量を入力してください。

▪ 包装時の重さの入力画面

包装時の重さ ⑦	
* 商品パッケージ重量 ⑦	例: 0.65
* 商品パッケージ重量の単位 ⑦	例: グラム ∨

キャンセル　　　　　　　　　　　　　　　　下書きを保存　送信

最後に「安全とコンプライアンス」タブを入力します。

▪ 安全とコンプライアンスの入力画面

商品の識別情報　❶ 説明　❶ 商品詳細　❶ 出品情報　❶ 安全とコンプライアンス

ⓘ　**現在、新しいバージョンの商品登録インターフェイスが表示されており、商品情報に関する要件が強化されています。**　　　×
　　詳しくは、Amazonのヘルプページをご覧ください。

* 警告 ⑦	例: 空気圧による影響を受けます。容器を凹ませたり穴を開けたりしないでください。直射日光からは避けて保管してください。
	さらに登録
* 原産国/地域 ⑦	例: 中国、日本、アメリカ ∨
* 電池/バッテリーが必要な商品ですか? ⑦	○ はい　○ いいえ
* 商品に適用される危険物規制の種類 ⑦	例: GHS危険物ラベル、輸送、保管 ∨
	さらに登録

キャンセル　　　　　　　　　　　　　　　　下書きを保存　送信

「警告」には、商品のパッケージに安全上の警告が印刷されている場合は、それを記入してください。

「原産国／地域」では、プルダウンから商品の原産国を選択します。

「電池／バッテリーが必要な商品ですか？」では、電源として電池／バッテリーが必要な場合（または商品自体が電池／バッテリーの場合）は「はい」、異なる場合は「いいえ」を選択してください。充電池を内蔵している商品も電池／バッテリーとみなされます。

　「商品に適用される危険物規制の種類」は、危険物規制に該当する場合は、以下のプルダウンから選択します。

▪ 危険物規制の種類の選択画面

危険物ラベル(GHS)
保管
廃棄物廃棄
輸送
その他
該当なし
不明

　「送信」をクリックすれば、新規商品ページの作成は完了です。

　商品の詳細なデータを入力する際には、正規品ページや、メーカーサイトを参考にするといいです。

　また、売れる商品ページを作成するコツは、すでに売れているページを参考にして、できるだけ同じように真似をすることです。正規品ページを参考にしたり、同じカテゴリーの人気商品を参考にしてみるといいでしょう。

第5章　月収50万円稼ぐための4ステップ

305

商品画像の作成を外注しよう

商品画像の見栄えを良くするには技術が必要になります。

そこで、ランサーズやクラウドワークスで自分に合ったデザイナーを探し、画像作成や撮影を外注するのも手です。手っ取り早く依頼をするならバーチャルインという業者がお勧めです。

- バーチャルイン　https://photo-o.com/

商品ページを新規作成し、販促に力を入れる場合に画像は重要なので、ぜひ業者に依頼をしましょう。

- バーチャルイン

どんな商品を登録すればいいのか？

新規商品ページを作成するのに向いているのは、次のような商品です。

①Amazonで正規輸入品ページが売れているのに、並行輸入品ページがない商品

正規輸入品は国内保証が有効です。しかし、国内保証がなくても、正規輸入品より安い価格で販売すれば、売れる可能性は十分にあります。そういった商品を登録します。

②海外で売れてるのに、Amazon日本にページがない商品

海外で人気の商品は、日本でも売れる可能性があります。Amazonアメリカやe Bayで売れている商品を登録していきましょう。

③ヤフオク!や楽天で売れてるのに、Amazonにページがない商品

他のプラットフォームで売れてる商品は、Amazonでも売れる可能性があります。

国内で輸入品がいち早く販売される場所はヤフオク!といわれていますので、オークファンでリサーチしてみましょう。全体的に見てAmazonよりヤフオク!の方が新商品が出てくるタイミングが1〜3週間ぐらい早いというのが私の感覚です。

Amazonでは一向に出品されない商品もありますので、狙い目です。

④Amazonで売れている商品の関連商品

すでにAmazonで売れている商品の関連商品を登録します。同じブランドの商品や、色違いの商品で、日本のAmazonに商品ページがないものを登録しましょう。

⑤Amazonで売れている商品の新商品

売れている商品の新しい機種が出たら、売れる可能性が高いです。ゲームでいうと、"Ⅰ・Ⅱ・Ⅲ"が売れていたら、"Ⅳ"も売れる可能性が高いとわかると思います。

新商品の情報はいち早くつかみ、商品登録をしましょう。

⑥取引セラーやメーカーから提案される新商品

後に説明するセラーやメーカーとの直接取引において提案される別の商品や新商品を登録しましょう。

私もメーカーから提案される新商品のページを作成することで大きな利益を得ています。

第6章

月収100万円稼ぐための
3ステップ

Amazon輸入で月収100万円稼ぐステップを進めていきます。

月収100万円稼ぐために肝となってくるのは、海外セラーとの直接取引です。ここからは、商品単体を探すというよりは、安く仕入れできるセラーを探すというイメージに変換していくことが大事です。

ここまで行けば、あなたのビジネスは転売から貿易に変わります。

海外セラーと直接取引をしよう

直接取引とは何か？

　直接取引とは、Amazon、eBay、ネットショップを通さずに、直接セラーやショップと取引をすることです。小売価格より安く仕入れするために、直接交渉を持ちかけます。「安く買って高く売る」というAmazon輸入を極める行為です。

　あなたがAmazon日本で商品を販売する時に販売手数料がかかるように、海外のセラーやショップが海外のAmazon、eBayのプラットフォームで商品を売る場合も、販売手数料がかかります。

　直接取引は、Amazon、eBayを通さずに、直接セラーやショップと取引をすることですので、海外セラーは販売手数料がかからないことになります。交渉をすれば、この手数料分だけでも値引きしてもらえる可能性があるということです。さらに、商品をまとめて購入すれば、もっと安く購入できる可能性もあります。

　とはいっても、そんなに簡単に海外と直接取引することができるのか不安な方が多いと思います。

　私自身も、英語がほとんどできないのと、慎重な性格からか、最初はなかなか海外セラーとの直接取引ができませんでした。海外の人と直接取引をするなんて、とても敷居が高いように感じていました。

　どんな交渉メールを送っていいのかもわからなかったですし、誰に送っていいのかもわからなかったです。そこで、本書を通じて自由な生活を送る人が増えるよう、私が実際にやっているノウハウを説明します。

🛒 Amazon輸入で注力すべきことは、商品を安く仕入れること

Amazon輸入で稼ぐために、もっとも注力すべきことは、商品を「安く仕入れること」です。

本来の物販ビジネスとなると、購入者リストを取ったり、販売戦略を考えたり、販路を開拓していくのも重要になりますが、Amazon輸入ビジネスの場合、そうした販売についてはAmazonの力を借りられますので、そんなに重要ではありません。したがって、仕入れ先を開拓し、仕入れルートをつかみ、安く仕入れることが、月収100万円を稼ぐためにもっとも注力すべきことになるわけです。

この安く仕入れる「仕入れ力」を磨くだけで、月収100万円を稼ぐことが可能になります。Amazonは1商品1カタログと決まっているので、仕入れコストを下げることが、ライバルとの一番の差別化に繋がるからです。

そして、この仕入れコストを下げるもっともお勧めの方法が直接取引です。

🛒 直接取引のメリット

直接取引をすれば、仕入れ価格が安くなりますので、利益が出にくい商品でも利益を出すことができたり、もともと稼げていた商品は、さらに利益率が上がるようになります。これは、基本のリサーチ・仕入れ・販売を経験して、売れる商品リストを持っている人ほど有利になります。

さらに、価格が安くなるだけではありません。

直接取引が成功すると、Amazon、eBay仕入れという小売り仕入れよりも、安定的に、効率良く稼げるようになります。安定した取引先があるために、その商品が売り切れたら、またすぐにセラーにリピート仕入れを依頼すればいいわけです。メール1通で、欲しい時に欲しいだけ注文するだけの作業になり、徹底的に仕入れの効率化ができます。リピート仕入れのみなので、リサーチをし続ける必要がなくなるのです。

また、扱う商品も自然と絞られてくるため、多種類の商品を出品する必要

もなくなります。

私が効率良く、安定的に、大きく稼いでいる秘訣はこの直接取引です。

あなたがAmazon輸入ビジネスをスタートした（したい）目的が「自由になること」でしたら、直接取引をして効率良く稼ぐことをお勧めします。

どういう内容のメールを送ればいいのか？

AmazonやeBayで購入する時は、私たち（購入者）とシステム（Amazon、eBay）の取引となります。しかし、直接取引になると、私たちと海外セラーの、「人対人」の取引になります。

ですから、自分よがりな、単純に「安くしてほしい」というだけの交渉ではうまくいきません。相手もビジネスをしています。利益を求めていますので、相手にもうまみがないと取引はしてもらえません。

したがって、いかに相手にビジネス上のメリットを提示できるかが鍵になります。具体的には、以下のようなメリットを提示して、セラーにメールを送りましょう。

①一度に大量に購入する
②長期で継続的に購入する

①は、大量に購入することにより、1個あたりの利益は減っても、まとまった利益になります。

②は、長期で継続的に購入することで、単発収入ではなく、安定収入になります。

これらはどちらも相手にとって確実にメリットになります。

常に相手の立場になって考えて、相手にメリットのあるオファーをしていくのが秘訣です。これにより、お互いにメリットが生まれますので、WIN-WINの関係になることができます。

なお、英文メールの文面については、31ページで紹介した無料翻訳サイト

で翻訳した英文でも十分に伝わります。

　一度メールの文面を作成し、テンプレート化してしまえば、後はコピーして貼り付けるだけで、効率的にメールすることができます。

　あるいは、「英文　卸売り」「英文　eBay　直接取引」などとGoogleで検索すると、色々な英文例が出てきますので、自分に合うものを使ってみるのも有効です。私が説明した要点を外さないようにして、独自の交渉メールを作成していくのがいいでしょう。

　注意点としては、英文メールでは、日本のメールのように「私たちは日本でビジネスをしていて……あなたのショップを拝見しましたが、商品点数が多くて素晴らしいです……あなたの扱っている商品に大変興味があります……」などなど、長い前置きを入れる必要はありません。

　できるだけ結論を先にいうようにして、簡潔な英文を心がけてください。

ネットショップと直接取引する手順

　ネットショップは、Googleショッピングなどで検索ができると説明しました。

　そうやってネットショップを見つけたら、ページの上か下に、たいてい「contact us」というリンクがあります。その「contact us」のページ内にあるフォームから連絡するか、メールアドレスの記載がある場合は、そこに直接連絡すればOKです。

■「contact us」の例

🛒 Amazon・eBayセラーと直接取引をしよう

AmazonやeBay上から、「まとめて購入するから、モールを通さずに安く売ってほしい」と直接メッセージを送ることは規約違反です。

プラットフォームは商品の販売手数料を徴収するビジネスです。直接取引をするということは販売手数料なしで取引する行為なので、見つかったらアカウント停止のリスクがあります。

では、どのようにメッセージを送ればいいのか？

以前は、eBayでは一度取引をすると、PayPalでeBayセラーのメールアドレスを取得できました。そのメールアドレスに直接取引のメールができましたが、仕様が変わってしまい、メールアドレスの取得はできなくなりました。

今は、Amazon上やeBay上の「特定商取引法に基づく表示」の部分に、メールアドレスや連絡先が記載されているセラーの場合は、ここから連絡してみるのが一番早いです。

さらに、「AmazonやeBay」＋「ネットショップ」の両方で物販を展開しているセラーもいます。こういったセラーは、AmazonやeBayの店舗名をGoogleで検索して、ネットショップを探してみてください。出てきたネットショップの「contact us」や連絡先から直接取引の交渉ができます（直接取引ではありませんが、そのネットショップからキャッシュバックサイト経由で商品を購入することにより、割引価格で購入できる可能性もありますので、同時に調べてみてください）。

また、ネットショップ以外にも、検索でTwitterやFacebookアカウントが出てきたりします。ここから交渉メールを送れば、手っ取り早く、しかもノーリスクで直接取引ができます。

AmazonやeBayはモールを通して取引をしなくてはいけない規約がありますので、セラーと直接取引をしたい場合は、この方法で交渉をするといいでしょう。

何個購入すればいいのか？

　私はクライアントから「直接取引では、最低何個の商品を購入するのですか？」という質問をいただきます。これは仕入れ先次第になりますが、実は1個からでも直接取引は始められます。

　特にeBayでまだ評価の低い初心者セラーは販売先を探していることも多く、1個からでも柔軟に対応してくれることがあります。

　相手も商品を売りたくてeBayに出品しているのですから、メリットを感じれば取引をしてくれるということです。さらに、以下のことを伝えると、少数からでも仕入れることは可能です。

- 最初は少量でも、徐々に購入数を増やしていくつもりだ。
- 日本の市場調査のために、テスト販売をしたい。そのためのサンプルとして少数だけ買いたい。

　こういった交渉も可能なので、購入数が少ない場合も、最初から遠慮せずに連絡してみてください。

　ただ、多く買えば買うほど、相手にとってメリットが大きくなるのは間違いないので、大幅に値引きしてもらえる可能性はもちろん上がります。最初は1個からでもいいですが、徐々に資金を貯めて仕入れ量を増やしていきましょう。大きな取引ができるようになれば、あなたのビジネスは一気に飛躍します。

直接取引の支払い方法

　直接取引で購入する際には、必ずPayPalを通して取引をするようにしてください。

　セラーによっては「外国送金しかダメ」というセラーもいますが、外国送金の場合は、商品が届かなくても保証などはいっさいありません。運が悪いと、お金だけ持ち逃げされて、大金をどぶに捨てることになってしま

す。私のクライアントでもセラーにお金だけ持ち逃げされてしまい、逃げられた方がいました。

そういうリスクを避けるためにも、まだあまり取引してない、信頼できないセラーの場合、外国送金はやめた方がいいです。保証が効くPayPalを通して取引をすることをお勧めします。

大事なのはメールを送る数

「メールの返信がないです……」「直接取引が全然決まりません……」という悩みを聞くこともあります。

こういった方は、私が「何通くらいメールしましたか？」と聞くと、だいたい「2〜3通くらいですかね」という返答が返ってきます。それでは少なすぎます。

コツをつかんでいる人ならば、確かにメール2〜3通くらいで取引が決まることもあります。しかし、コツをつかむまでは、最初はメールの数がもっとも大事だと思っていてください。メールを送ることは無料なので、最初は数多くのセラーへアプローチしてください。失敗を恐れずに数多くのショップにメールを送っている人ほど成功しています。

コツをつかんでくれば、「このショップは値引きしてくれるのではないか」とだんだんわかるようになってきます。商品リサーチと同じように、直接取引も数と経験がもっとも重要です。

直接取引は難しくない

私は「直接取引は難しそう」「英語が苦手だからできない」という言葉をよく聞きます。

しかし、これはマインドブロックでしかないと思っています。よく聞く言葉かもしれませんが、できない理由を探すより、できる理由を探す人になった方がいいでしょう。

今では翻訳サイトも充実しています。メールも無料で送ることができま

す。インターネットを使って世界中の人と取引ができるようになりました。私や私のクライアントのように、すでに取引をして結果を出している人がたくさんいます。できない理由より、できる理由の方がたくさんあるのです。

後はあなたが勇気を出してメールを送るだけです。

あなたがまずやるべきこと

ここまで進めた方がまずやるべきことは、次の2つです。

①あなた自身の儲かる商品リストを見直し、**直接取引ができないか確認する。**
②過去に取引をしたAmazonセラー・eBayセラー・ネットショップに直接取引の
メールを送る。

第5章までに説明したことを実践できていれば、すでに儲かる商品リストが貯まっていると思います。あなたが扱っている商品で、直接取引できる商品がないか確認しましょう。そして、Amazonセラー・eBay・ネットショップから購入した商品は、積極的にメールを送り、値引き交渉をしましょう。

すべてはそこから始まります。失敗を恐れずにどんどんチャレンジしましょう。

仕入れた商品を管理するのも大事ですが、このショップのメールアドレスもExcel等で管理するようにしてください。ここまでいけば、あなたのAmazon輸入ビジネスは「転売」から「貿易」に変わります。

取引相手との関係を深めよう

どういうセラーを狙えばいいのか？

直接取引をしたい場合、どういうセラーを狙えばいいのでしょうか？
以下を参考にしてみてください。

• **評価の高いセラー**

eBayは「トップセラー（Top rated seller）」か、「評価98％評価数100以上」の出品者を狙うようにすると、安全な取引ができる確率が上がります。

• **eBay上から交渉できるセラー**

商品ページの価格の下に「Best Offer」と書かれている商品は、「Make Offer」ボタンをクリックしてください。欲しい数量と希望する購入額を記入することで、eBay上からでも交渉ができます。

eBay上からでも交渉ができるということは、ショップや連絡先がわかれば直接取引でも交渉がしやすいということです。

■「Make Offer」ボタン

• 在庫をたくさん持っているセラー

直接取引で大量仕入れをする場合は、在庫をたくさん持っているセラーに交渉をかけるべきです。

商品ページの商品名の下に、「More than 10 available（10個以上購入できます）/ 238 sold（238個売れました）」というような表示がありますので、できる限り在庫を持っているセラーと交渉しましょう。

■ 在庫表示

Item condition:	**New**	
Quantity:	1	More than 10 available / 238 sold

• 専門店

少々難易度は高いですが、専門店から仕入れられるようになると、継続して安定的な取引ができるようになります。楽器を仕入れたい場合は楽器専門店、スポーツ用品を仕入れたい場合はスポーツ用品店と交渉すれば、利益も安定します。

上記を考慮した上で、なるべく安く販売されているショップを探しましょう。取引できる可能性があるショップが複数いる場合は、同時に複数のショップに連絡をして相見積もりを取るのがいいです。

その中で、レスポンスが速いなど、対応がいいショップや、より安く販売してくれるショップと取引ができるようになれば、長期的に利益を確保できるでしょう。

大事なのはショップと信頼関係を築き、仲良くなること

前述したように、直接取引は、私たちと海外ショップとの、人対人の取引になります。インターネットとはいえ、パソコンの向こうにいるのは「人間」だという認識を絶対に忘れないようにしてください。ショップと信頼関係を

築き、仲良くなることで、あなたのビジネスは優位に進んでいきます。

　具体的には、以下の方法があります（ただ、ケースバイケースですし、相手も人間なので、そのショップによって違うということは理解しておいてください）。なお、この方法は第7章のメーカー取引でも有効です。

①商品を受け取ったらお礼の報告をする

　商品が届いたらしっかり報告をするようにしてください。

　「商品が無事に届きました、ありがとう」とお礼をいうだけでも、お互いの信頼関係は増していきます。何かをしてもらってお礼をいうのは、人としてのマナーです。

②日本の市場の状況を説明する

　販売した商品の、他国の市場状況に興味があるセラーもいます。

　販売してもらった商品が「日本でどのくらい売れたか」や「日本でどのくらい需要があるか」などを連絡してみると、信頼関係が強くなります。

　人間は、接触頻度が増せば増すほど、その人に親近感が湧くといわれています。何か連絡をしたい場合は、日本の市場の状況を報告すると効果的です。

③何度も取引をする（継続的に仕入れる）

　私たち（購入者）とシステム（Amazon、eBay）との取引では、関係性を築くことは難しいです。しかし、直接取引では、継続的に仕入れを続けていくことで、そのセラーと密接な関係を築くことが可能になります。

　「商品を注文する→支払いをする→商品が届く→お礼をする」というサイクルを繰り返していくだけで、信頼関係ができてきます。信頼関係ができてくると、交渉により、さらなる値引きをしてもらえる可能性が上がります。

④仕入れ金額を増やす

仕入れ金額を増やしていくと、相手もお得意様だと思ってくれます。

しかも、できる限り仕入れ先を絞り、1人のセラーからまとめて購入するようにすると、仕入れ単価や送料を抑えることができます。

さらに、信頼関係も深まるので、交渉も有利になっていくでしょう。

⑤自分の顔写真を送る

メールで自分の顔写真を添付すると、相手に親近感を与えられることもあります。直接取引で最初のメールに返信があった場合、2度目以降のメールで仲良くなるために、実践してみるといいでしょう。

顔写真と一緒に、「あなたに興味がある！」「あなたと一緒にビジネスがしたい！」と伝えることで、反応を示すセラーもいます。反応を示したセラーは長期的に信頼関係を結べる可能性が高いです。

セラーには多くの買い手からメッセージが届いています。その中で、自分をどうやって印象に残すか、どうやったら他の買い手ではなく、自分に商品を売ってくれるようになるかを考えることが重要です。相手にとってビジネス的にも人間的にもインパクトのある存在になっていき、積極的にコミュニケーションを楽しむことで、ビジネスは発展していきます。

⑥家族の話題をする

もちろんセラーによっても異なりますが、家族の話題を出すと、仲良くなれる場合があります。

私も家族の話をすることにより、欧米メーカーの代理店をしているセラーとかなり仲良くなり、大きくビジネスが発展した経験があります。このセラーは最初に直接取引が成立したセラーでもあったので、「国籍や言語が違うのに、ここまで仲良くなれるものなんだな……」と、深く感動をしたものです。

ビジネスの取引もして、プライベートのことも知っているとなれば、より

親近感が湧いてくるものです。こういった感情に国籍や言語は関係ありません。

1通目のメールでは要件を伝えるだけでいいですが、後々に関係性を築きたい場合はお勧めの方法です。

⑦手紙やプレゼントを送る

手紙やプレゼントを送ると仲良くなれることがあります。

プレゼントは、できれば日本的なものを送ると喜んでもらえるでしょう。

また、クリスマスの時期などにプレゼントを送ると、より効果があります。

海外セラーも結局は私たちと同じ人間なので、「相手は何をしたら喜ぶか」を考えながらコミュニケーションをするのが大切です。

ショップの他の商品もリサーチしよう

直接取引に成功した場合、そのショップが扱っている、他の販売商品も安く購入できる可能性が高いです。1つの商品が10%引きになったら、他の商品でも10%引きで購入できたりします。

それなので、他の商品で日本で需要があるものはないか、価格差があるものはないかをリサーチしましょう。他の商品もリサーチすることで、需要はあるのにまだ日本では販売されていないようなブルーオーシャン商品を手に入れられる可能性があります。

ショップから商品情報を聞き出そう

セラーと信頼関係ができると、交渉することで、さらに割引率が上がることもあります。

他にも、以下のような質問を投げかけることで、商品情報を教えてもらえることがあります。

①あなたが扱ってる商品で、日本で人気の商品はどれですか？

②この商品の新しいモデルはいつごろ販売されますか？

　①を聞くことにより、日本の売れ筋商品を知ることができます。

　②を聞くことにより、新商品の情報をいち早くキャッチできます。すでに売れてる商品の新モデルは売れる可能性が高いので、Amazonで新規商品登録をすれば、独占的に販売ができる可能性があります。「新商品の仕入れ予定が立った場合、私に連絡してください」と伝えておくといいでしょう。

　海外ショップから聞く情報は、インターネットにはない情報なので、とても貴重なものです。こういった情報を聞き出せるのが、Amazon、eBay仕入れにはない、直接取引ならではの醍醐味といえるでしょう。

他の商品も仕入れられないか聞いてみよう

　最初のうちは、ショップが扱ってる商品を割引価格で購入するので十分です。

　しかし、さらに取引を発展させる場合は、他の商品（そのショップがまだ扱っていない商品）も仕入れられないかを聞いてみましょう。

　その際、現在ショップが扱っている同一カテゴリーの商品の仕入れ可否を聞いてみるのがいいでしょう。楽器専門店の場合は、「他の楽器のブランドは仕入れられないか」、スポーツ用品店の場合は、「他のスポーツ用品のブランドは仕入れられないか」という具合です。

　反応が良ければ、具体的な日本で売れてる商品リストを出してみるのもいいでしょう。

　「他の商品も仕入れられないか」をショップに聞いてみると、独自の仕入れルートを開拓できることもあります。相手もビジネスをしているので、扱っていない商品でも仕入れてくれる場合があります。

　私の輸入仲間には、海外ショップと仲良くなり、海外の仕入れパートナーとして動いてもらい、一緒にビジネスをしている人もいます。

海外セラーとの値引き交渉術

最初は無理な価格を提示する

　断られることを前提に、最初は少し無理な価格を提示するのが、交渉においては重要です。

　たとえばセラーが110ドルで販売していて、自分は100ドルで仕入れたいとします。

　この場合、私ならまず90ドルでオファーします。これでOKをもらえればラッキーですし、たとえ断られたとしても、「それでは100ドルでどうでしょうか？」とその後にいうことで、条件を飲んでくれやすくなります。

　なぜかというと、90ドルという数字を見た後に、100ドルという数字を見ると、最初に見た90ドルが無意識に相手の基準になってしまうからです。最初から100ドルというより、少し無理な価格から提示した方が、より安くしてくれる可能性が上がります。

　さらに、一度断っているために、2度目のオファーは断りづらいという心理も働きますので、まずは「さすがにこの価格では無理かな」という金額から提示してみるのがいいでしょう。

他の店舗を引き合いに出す

　日本の家電量販店で商品を購入する場合、複数の店舗の価格を比較して、一番安いところから購入する方も多いと思います。そして実際に店舗で、他の店舗を引き合いに出して、「この商品、他の店舗では●●円で売ってるけど、その値段より安くできないですか？」という交渉をしたことがある方もいるかもしれません。この交渉を海外ショップでも使うのです。

　「この商品、他のセラーは80ドルで売ってるけど、70ドルで買えないです

か？」という具合です。

　他の店舗を引き合いに出す交渉は、日本でも行われることですが、海外ショップでも有効な方法です。

　さらに、これに複数購入を組み合わせれば、交渉が成立する可能性は上がります。

リピート仕入れの際の交渉術

　私は、この「他の店舗を引き合いに出す交渉」を、リピート仕入れの際も使っています。再度取引する場合は、以下のような言い回しでメールします。

　「再度、A商品を買いたいと思っています。ただ、他のセラーが同じ商品を80ドルで売ってくれると今いってきています。しかし、こちらの方は、始めて取引するセラーで少し不安ですので、できれば一度取引したことがあり、信頼のあるあなたと再び取引したいと思っています。もし、今回80ドルで売ってくださるなら、今後も継続的にあなたに注文したいと思っているのですがいかがでしょうか？」

　交渉を進めるにあたっては、相手の心理を考えながらアプローチしてください。相手も人間ですので、常に相手の立場に立って、「相手がこういわれたらどう思うか？」を考えながら、思考を使って交渉をすることが大事です。

COLUMN Amazonで確実に稼ぐ方法

Amazonで確実に稼ぐ方法をお伝えしたいと思います。

私は今では1商品で1,000個以上を購入することもありますが、もちろん、最初からこのように大量仕入れをすることはできませんでした。最初の頃は、仕入れるのが怖く、どんなに人気がある商品でも1個しか仕入れられませんでした。

1個売れれば、また相場やライバルの状況などを確認して、利益が取れそうだったら、また1個仕入れる。今考えれば少し非効率だと思いますが、そんな地道な作業を繰り返して、利益を積み重ねていき、少しずつ土台を作っていき、今があります。

開始した頃は、ひたすらAmazon、eBayからの小売り転売を繰り返していました。一夜にして効率化し、月収1000万円を達成できたのではなく、最初は小さな小さな成功体験を積み重ねながら、地道な足し算をしていき、0→1を作り上げました。そしてコツコツと作業を繰り返し、利益を重ねていき、仕入れ量を徐々に増やしていきました。

それなので、もしあなたも、仕入れのマインドブロックがあるならば、まずは1個ずつ仕入れをすることをお勧めします。たくさんリサーチして、たくさんの種類を扱い、全部1個ずつ仕入れていくのです。

リサーチを間違えず、商品に需要があるならば、仕入れた商品は必ず売れていきます。このようにしていけば、たくさんの小さな成功体験を積んでいけます。

そして売れたら商品をまた少し補充していくようにするのです。補充しながらも、新しい商品を少しずつ増やしていき、利益を重ね、徐々に仕入れ金も増やしていきます。このようにしていくと、扱う商品も増えてくると思います。

最初は扱う商品の種類を増やすことに注力しましょう。

そして、たくさんの商品を扱う中で、「この商品はよく売れる！」という商品に出会ったら、海外ネットショップ、eBayセラー、代理店、メーカーなどと直接取引をし、ステップアップしていくようにするのです。

私自身もそうでした。これがAmazonで確実に稼ぎ、成長していく方法だと思っています。

まずは効率などは考えず、基礎となる土台の商品リサーチをしっかりやってください。そして、その延長線上に、直接取引があると思ってください。

最初から、「月収200万円！」と考えるのではなく、まずは3万円→10万円→30万円→50万円→100万円→200万円と、確実に稼いでいき、確実に成長していきましょう。

第7章

月収200万円稼ぐための
6ステップ

ここからは、最上流のメーカー取引のステップです。

月収100万円を稼いだあなたは、安定・自由・豊かさを得るために、さらなる高みを目指しましょう。

SECTION 1 メーカーから仕入れよう

メーカー仕入れを開拓した方法

　私がビジネスを開始した2012年は、まだ業界にはメーカー仕入れという概念がなく、海外Amazon→日本Amazonの単純転売が流行っていた時期でした。それを貿易ビジネスであるメーカー仕入れ、独占販売権まで考えて実践したのは、私が最初だったと思います。今では私が教えたコンサル生や、コンサル生のコンサル生などがメーカー仕入れの情報を発信したり、本を出版したりもしており、業界のスタンダードとなっているのではないでしょうか。

　それでは私がどのようにメーカー仕入れを思いついたかというと、それ以前に私は本書の第6章までのステップ通りに、Amazonセラー（アメリカの代理店）との直接取引をやっていました。そして、320ページから記載されているノウハウを駆使して、このAmazonセラーとメールだけで非常に仲良く、良好な関係になりました。

　その後、私の取引量が多くなり、在庫がなかったAmazonセラーが「自分の仕入先を教える」と言ってメーカーと繋いでくれたのです。そのセラーがとても良い人だったのですが、非常に仲が良かったからこそ、できたことだと思っています。

　そして、それをきっかけに「実は下流のAmazonセラーからではなく、最上流のメーカーからアプローチした方が効率が良いのではないか？」と思いつき、メーカー仕入れをやり出したのです。アメリカの代理店セラーと良好な関係を築いたからこそ、ビジネスが大きく発展したわけですね。

　なお、そこで最初に繋がったメーカーが、355ページに書かれている、スイスで登山をしたり、447ページに書かれている、世界の独占販売契約をし

たメーカーになります。メーカー仕入れを教えてくれて、当時ニートだった私をどん底からトップまで飛躍させてくれたのは、このメーカーであり、繋いでくれたAmazonセラーにも非常に感謝をしています。

商品が製造されて、消費者に届くまでの流通経路

メーカー仕入れをするにあたり、まず商品が製造されて、消費者に届くまでの流通経路を説明します。

通常、商品は、「メーカー（製造者）→代理店（代理店がある場合）→卸売店→小売店→消費者」という順序で販売されていきます。Amazon.com本体から商品を仕入れた場合、ここでいう「小売店」から商品を仕入れていることになります。また、eBayや海外ネットショップは、「代理店」か「卸売店」か「小売店」である場合が多いです。

要するに、第6章までの流通経路では、もっとも上流工程である「メーカー」からは仕入れられないのです。

海外セラーは、AmazonやeBayやネットショップで販売して利益を上げていますので、もっと上流工程で、より安く仕入れられる仕入れルートが必ずあります。ですから、上流工程の仕入れ先と交渉をした方が、「海外Amazonセラー、eBay、海外ネットショップ」が間に入らないので、利益は最大化できるわけです。

しかも、より上流工程から仕入れられれば、偽物リスクの可能性も低くなり、より信頼して取引ができるようにもなります。

そのもっとも上流工程が、商品を製造している「メーカー」ということになります。

ここからは、商品を「より上流工程から仕入れる」ということを意識していきましょう。

第7章　月収200万円稼ぐための6ステップ

329

▪ 流通経路のイメージ

| メーカー (製造者) | 代理店 (代理店がある場合) | 卸売店 | 小売店 | 消費者 |

メーカー仕入れのメリット

　第6章までは、並行輸入品の販売について解説してきました。しかし、メーカーから商品を直接仕入れられれば、次のような多くのメリットがあります。

①代理店契約をして正規輸入品として販売できる

　メーカーから商品を直接仕入れられれば、正規輸入品として販売ができるようになります。継続的な修理やサービス、メーカーによる国内保証等をできることが前提にはなりますが、これらを提供できる場合には「正規輸入品」「国内正規品」という文言を商品タイトルにつけても問題はありません。ここまでできるようになると、ライバルと大きく差別化ができるのはいうまでもありません。

　さらに交渉次第では、独占販売権も可能なのが、メーカー仕入れの最大のメリットです。

そうなると、ライバル不在のブルーオーシャンを構築できます。

　徹底的に仕入れの効率化ができ、メール1通で、ほしい時にほしいだけ注文する作業になります。在庫がなくなる前に補充するだけなので非常に管理が楽になります。

②偽物を扱い、Amazonのアカウント停止になるリスクがない

　欧米輸入でも、稀にAmazonやeBayで偽物を販売しているセラーから仕入れてアカウント停止になるリスクもあります。仮に「偽物と気づかなかった」と答えても、Amazonに目をつけられたら通用しません。このようなリス

330

クが、メーカー仕入れではまったくなく、長期的に安定した安全な商売ができます。

Amazon輸入でメーカー卸ができるようになると、むしろ偽物を取り締まる側になります。167ページに記載の真贋調査の時も、「仕入先からの請求書」「メーカーの販売証明書」を提出できるので、調査におびえることがなくなります。

③最安値で仕入れができるため、小売仕入れよりは価格競争が頻繁に起こらない

メーカーから仕入れられるようになると、価格競争が、小売仕入れよりは頻繁に起こりません。なぜかというと、日本での販売価格が固定されている特徴があるからです（価格競争を引き起こすセラーもいたり、価格を管理していないメーカーもあるので100％ではありませんが）。

国内メーカーや海外メーカーは、定価やメーカー小売希望価格があるので、価格の縛りを受けているケースが多いです。定価やメーカー小売希望価格より下げると、メーカーから連絡が来たり、次回取引をしてもらえないということがあるので、価格を崩すことは好ましくありません。そのため、メーカーから直接卸した商品は、固定の価格で、一律になっている商品が多くなるのです。

AmazonのライバルセラーやKeepaを見て、価格が一律でずっと変わらない商品があったらメーカー仕入れかなと注意してみてください（逆に小売仕入れの場合は価格の上下が激しいです）。

また、メーカー仕入れができる商品は、メーカーの縛りがなかったとしても、それぞれのセラーが仕入れ価格など、同一条件で仕入れている可能性が高いので、価格があまり下がらない傾向にあります。

単純転売の基礎は大事ですが、Amazon仕入れやeBay仕入れの価格競争に悩んでいる方は、メーカー仕入れをしてみることをお勧めします。価格調整がいらないというメリットがあり、管理に時間がかからないので、たった

1人で1日1時間の隙間作業で、月収200万円という数字が実現できます。

④輸送コストが削減でき、商品破損リスクが低い

ある程度の販売予測が立てば、複数種類の商品をまとめて1度に大量に仕入れることによって輸送コストも削減できますし、MYUSなどの転送会社を経由せずに、日本に直送することができます。

メーカーから日本直送の場合は、転送会社を使った仕入れと比較して、輸送中の商品破損リスクも低いです。

⑤メーカーは常に商品を製造しているので、新商品でも稼ぐことができる

たとえば、わかりやすいように大きなメーカーを例にしますが、Appleの場合、iPhoneXが売れたら、iPhone11も売れます。アップルジャパンは当然のことながら両方で稼げます（しかもiPhone11、12、13……と永続的に稼げるでしょう）。ソニーの場合は、プレステ4が売れたら、プレステ5も売れるといった具合です。

よって、新商品をリサーチしなくても稼ぎ続けることができます。1メーカーで多品種を扱うことも可能です。

また製造元と繋がることによって、ヒット商品を開発することだってできます。

メーカーと繋がることで生まれる可能性は無限大です。

メーカー直取引の流れ

メーカー直取引は、下のような流れになります。

まずは、Amazonで商品をリサーチし、メーカーにメールを送ります。

返信があれば、見積もりを確認して利益計算をします。

利益が出るとわかれば、発注をして商品を送ってもらう流れです。

▪ メーカー直取引のイメージ

```
リサーチして商品を選定する
（Amazonで商品を探す）
```

```
メーカーへ連絡する
（メール、電話などで取引依頼の連絡をする）
```

```
メーカーから返信をもらう
（返信をもらい、卸価格表・見積もりをいただく）
```

```
見積もり、利益計算
（価格相場やライバルの状況を確認し、利益計算する）
```

```
支払い
（PayPal決済か海外送金で支払う）
```

```
発送手続き
（到着予定日、追跡番号を教えてもらう）
```

```
商品到着
（受け取り完了とお礼の連絡をする）
```

メーカーに卸交渉する手順

　メーカーに卸交渉する手順といっても、特別難しいことはありません。至ってシンプルです。

　リサーチ中に見つけたメーカー名をGoogleで検索し、メーカーのHPを見つけましょう。

　たとえば、下のLEGOの商品があったとします。

■商品

　この場合、「LEGO」というメーカー名をコピーして、Googleで検索します。すると、メーカーのHPが出てきますので、そこの「contact us」から卸交渉のメールをします。

■メーカーのHP

■ contact us

気づいたと思いますが、ネットショップに交渉する手順と何も変わりません。送る英文もネットショップに送るものと同じで大丈夫です。

どういったメーカーが交渉しやすいか？

正直、「LEGO」のような大きい一流メーカーは、私たちのような個人レベルでは卸取引をするのは難しいです。おもちゃの専門店である「トイザらス」のような大きな販売店に、資金力で勝てるわけがありません。有名な大きいメーカーは、大きい販売店とすでに取引契約を結んでいるものです。

たとえばAppleのような大きなメーカーに連絡をしても、日本法人である「アップルジャパン」を紹介されてしまうでしょう。

よって、資金のない私たちが狙うのは、以下のようなメーカーになります。

①小規模な二流・三流メーカー
②ニッチなメーカー
③まだ日本にない新しいメーカー
④日本代理店がないメーカー

⑤「Become a Dealer」と記載のあるメーカー

⑥並行輸入品で扱かった商品のメーカー

　こういったメーカーは、個人でも交渉の余地が大いにあります。世界的に知名度がある大きなメーカーではなく、自分が知らなくても、知っている人は知っているメーカーというイメージです。特にメーカーのHPで「Become a Dealer」(ディーラー募集)とわざわざ記載されていれば、取引できる可能性は非常に高いです。

　また、日本代理店がすでにある場合でも、その代理店が独占販売契約を結んでいない限り、交渉の余地があります。複数の代理店契約がOKという場合もありますので、諦める必要はありません (複数の代理店契約ができるのは、「①小規模な二流・三流メーカー」に多い傾向があります)。こういったメーカーを狙い、小回りを利かせて迅速・柔軟にビジネスをすることで、私たちでも大手企業に勝つことができます。

🛒 取引メールを送る基準は2つ

　メーカーに取引依頼のメールを送るかどうかは、次の2つの基準で判断すると良いでしょう。

① Amazon本体が販売していない

　206ページでも説明しましたが、基本的にはAmazon本体と競合する商品は避けた方がいいです。Amazon本体が高値で出品していて、FBAセラーがショッピングカートを獲得していれば狙う手もありますが、いつAmazon本体が値下げしてくるかは読めないのでリスクを考慮するようにしてください。

② Amazonランキング5万位以内

　あくまで目安ですが、僕のコンサルティングでは、メーカー交渉をする際

は、Amazonランキング5万位以内を対象にするように教えています。なぜなら、ある程度売れてる商品を扱うのが前提だからです。

中でも、ランキング5000位以内など、よく売れてるメーカーを積極的に狙うと、大きな利益になります。

🛒 メーカー仕入れもセラーリサーチが有効

186ページのセラーリサーチの項目で、Amazon上には、様々な属性のセラーがいると説明しました。

仕入先も様々で、「単純転売セラー（小売仕入れセラー）」「海外メーカー仕入れセラー」「国内メーカー仕入れセラー」「中国輸入セラー」などが存在します。

海外メーカーを探す場合は、「海外メーカー仕入れセラー」から探すようにすると効率的です。または単純転売と海外メーカー仕入れを両方取り入れているセラーなどです。

メーカー仕入れするのが上手いセラーが存在しますので、セラーの属性を知り、真似して追っていくと効率がいいです。1社でも取引できるメーカーが見つければ、その商品を出品しているセラーは、全員がメーカー仕入れをしているセラーです。そういったセラーの他の商品をリサーチすれば、芋釣式にメーカーをどんどん発掘することもできます。

このように、メーカー商品を扱っているセラーの輪の中でリサーチすることが重要で、これがメーカー仕入れの成功のポイントです。

真似できる良いセラーは、セラーIDでリスト化しておくと、さらに効率のいいリサーチができます。たとえば、リスト化したセラーを1ヶ月後に再びリサーチした時に、新しい商品を扱っていたならば、そのメーカーにアプローチをすることで、自分も取引が成立する可能性が高いです。このように真似できるセラーをリスト化しておくと、作業時間を減らしながら、効率のいいリサーチができるようになっていきます。

メーカー卸が無理だった場合は下流の「代理店」から仕入れる

メーカーに連絡して卸仕入れができなかった場合は、そのメーカーの下流にある「代理店」へ交渉を持ちかけてください。メーカーのHPに世界中の代理店が掲載されていることが多いです。そこに一つ一つ交渉を持ちかけていきます。

そもそもメーカーに連絡すると、日本の代理店を紹介されるケースも多いです。ここで諦めてしまう人が多いのですが、卸価格で仕入れてAmazonで販売するだけで利益を出せることもあります。

国内取引は納品スピードが速いですし、関税消費税等がかからないメリットがあります。国内取引も視野に入れて広い視野で取引すれば、あなたのビジネスはさらに進化するでしょう（海外の代理店からの仕入れの場合は並行輸入品ページで販売し、日本の代理店からの仕入れの場合は国内正規品ページで販売してください）。

メーカーからの返信率を上げる方法

メーカーに連絡しても返信が来ないのでは、交渉のしようがありません。そこで、メーカーからの返信率を少しでも上げる方法を、いくつか紹介しておきます。

①自社HPを作成する

AmazonのURLでもいいのですが、自社情報を伝えるために、自社HPがあった方がアピールポイントになります。

自社HPの内容としては、会社名（団体名）、業務内容、理念（なぜこのビジネスをしているか、将来の展望など）、お問い合わせ連絡先と、できれば自身の顔写真や商談風景も載せると、差別化になります。難しく考えずに、まずは簡単なものでも構いませんので作ってしまいましょう。

「ホームページ　無料」とGoogleで検索すると、無料でホームページを作成できるサイトがたくさん見つかるはずです。ブラウザ上で簡単に作れます

ので、以下のようなサイトがお勧めです。

- Wix　https://ja.wix.com/

- Wix

②信用のあるメールアドレスを使う

　YahooメールやGmailのフリーメールアドレスではなく、独自ドメインでメールをした方が、迷惑メールに入りづらいです。そして信頼性も上がり、返信率が上がります。

　たとえば私であれば、「info@takeuchi01.com」というメールアドレスですが、これは「takeuchi01.com」という独自ドメインを取っています。

　Googleが提供していて、Gmailと連携して作成できるサービスもあります。また、「ロリポップ！」や「さくらレンタルサーバ」とGmailやYahooメールを連携して作成する方法もあります。

- フリーメールアドレスはNG

×	○○○@yahoo.co.jp
×	○○○@gmail.com

○	info@takeuchi-shop.com
○	sales@takeuchi-company.com

海外メーカーへの支払い方法

海外メーカーへの支払い方法は以下の二択になります。

・PayPal（268ページ記載）
・海外送金

　PayPalは保証がありますので安全な取引ができます。クレジットカード決済なのでキャッシュフローもいいです。ただ、約4%のPayPal決済手数料を、ショップ側が負担しなくてはならなくなりますので、その分商品単価が高くなるケースが多いです。

　海外送金は、PayPal決済手数料やクレジットカード手数料がかかりませんので、もっとも安い仕入れ方法になります。資金ができて、信頼できるメーカーと関係性ができたら、海外送金を使うのがいいです。ただし、海外送金は現金前払いで資金繰りが悪いので、資金がある程度できてからの戦略になります。

　あと、海外送金の場合は保証がありませんので、逃げられたらお金は返ってきません。私は過去、メーカーに裏切られたことは一度もありません。なので、メーカーなら一定の信頼をもって海外送金していいと判断しています。ただ、中国メーカーなどで騙されたというケースも聞いたことがあります。初回はPayPalを使って、2回目を送金にするなど、慎重に送金した方が

いいでしょう。

- 海外メーカーへの支払い方法

	PayPal	海外送金
手数料	×	○
キャッシュフロー	○	×
保証	○	×

主な海外送金サービスとしては、以下が挙げられます。

- wise

https://wise.com/jp/

- Revolut

https://www.revolut.com/ja-JP/money-transfer/

- 楽天銀行

https://www.rakuten-bank.co.jp/

　　海外送金には、送金手数料と為替手数料がかかります。両者の手数料が

もっとも安いのはwiseです。ただ、限度額に上限がありますので、Revolutや楽天銀行などを併用するといいでしょう。

国内メーカー取引も実践しよう

僕が教えているAmazon市場では、「並行輸入品の転売」「海外メーカー取引」「国内メーカー取引」の3つの柱があります。これらすべてをやって月収200万円というコンサル生もいますし、それぞれの柱で月収200万円稼いでる方もいます。

私自身は、現在は海外メーカーの独占販売権の商品のみで稼いでいますが、過去には国内メーカーでもたくさん稼いできました。

なので、もう1つの柱として「国内メーカー取引」を実践すると、あなたの収益はさらに増えるでしょう。海外メーカー取引と言語の違いがあるだけで、原理原則は同じです。ニッチな国内メーカーと取引して、Amazonで販売をするだけです。メーカーからの直接仕入れが無理な場合は、問屋からの仕入れをします。海外メーカーで説明した代理店ビジネスと同じイメージです。

その際も、セラーリサーチをして、国内メーカー取引が上手いセラーを真似するといいでしょう。もちろん、本書で解説したAmazonの仕組みは同じですし、基本的な直取引の流れも同じです。国内メーカーHPのお問い合わせフォームや、HPに掲載されているメールアドレス宛まで卸交渉の依頼メールを送りましょう。為替、輸入の法律、配送スピード、言語の壁の心配がないので、参入しやすい市場です。

第7章 月収200万円稼ぐための6ステップ

343

COLUMN 輸入転売から貿易へ

2014年4月に1週間、香港の展示会へ行ってきました。

実践しているAmazon輸入ビジネスは、もはや転売という枠を脱却し、貿易ビジネスに発展しています。ビシッとしたスーツを着て、会社のCEOとしてメーカーを回り、国際バイヤーとして通訳を介して交渉をしました。

すでに取引先のメーカーの人と実際に会い、CEOと握手をし、一生モノになるような、強固な関係性を築くことに成功しています。商品について詳しく教えてもらったり、一緒に会食をして私生活の話までしたり、とても有意義な時間をすごすことができました。

実際に会食をして、新しい代理店契約を結んだメーカーもありましたし、3つのメーカーの方からご飯をご馳走までしてもらいました。

この仕事をしていて良かったと心の底から感じましたし、いつもメールで取引していた人と実際に会ったことにより、言葉で表せないような感動が芽生えました。

当然ですが、メールより電話、電話より対面、（メール＜電話＜対面）の方が、交渉の成約率は上がります。インターネットビジネスとはいえ、結局はリアルの人間と人間の関係なので、そういうことを意識した方が稼ぎのスピードは上がりますし、何より長期的に稼げるようになります。

私自身の経験上、月収100万円くらいまでならメールだけでも十分に稼げますが、「月収100万円以上稼ぎたい」「より深いビジネスをしたい」という場合は、オンラインだけでなく、オフラインでの事業展開を考えてみることをお勧めします。

このようなことを考えると、私は「Amazon輸入」からスタートした「貿易ビジネス」は、資金さえあればいくらでも稼げると思っています。

月収200万円を稼ぐためには、商品の価格差を追うだけの「転売」から、もっと長期で考えた「貿易」をするという意識への変換が重要になってきます。

2012年にAmazon輸入をスタートしてから、自分でも驚くようなところまで来られました。1週間の香港で、転売から貿易への進化の重要性を、私は肌で感じました。

SECTION 2 メーカーと交渉しよう

見積もりやMOQが提示された場合

　取引OKの場合は、価格表（プライスリスト）、MOQ、見積もりなどが提示されます。価格相場やライバルの状況を確認して仕入れるようにしましょう。

　なお、MOQとは、Minimum Order Quantityの略で、発注できる最低数量のことです。基本的には、初回はMOQで仕入れるのがいいですが、ネットショップの時と同じように、以下のように交渉して、MOQより少量で購入する手もあります。

- 「初回なので少量からスタートしたい。徐々に購入数を増やしていくつもりだ」
（ロットは徐々に増やして御社の売上に貢献したいと思っている）
- 「日本の市場調査のためにテスト販売をしたい。そのためのサンプルとして少量だけ購入したい」

Amazon販売はNGと言われる場合は交渉しよう

　卸交渉メールを送って断られても、すぐに諦めないようにしましょう。まずはNGの理由を聞くことが大事です。「何となくAmazon販売はイメージが悪いからダメ」という曖昧な理由のこともあります。

　あるいは、「Amazonの価格競争、値崩れ、ブランドイメージ低下」を懸念しているケースもあります。Amazonは「1つの商品につき、商品ページは1つ」というルールがあるので、独占販売でない限り、1つの商品ページを複数セラーで分け合う仕組みになっています。そのため、我先に売りたいセラーが価格を下げて、値崩れが起こるケースがあるのです。このような理由

の場合は、メーカーに Amazon が価格競争になりやすい仕組みを解説して、以下のように解決策を提案をしてみるといいです。

- 「価格を守る信頼できるセラーだけに限定化するのはどうか？」
- 「Amazon ブランド登録によるブランド保護をするのはどうか？」

　現在のメーカーの状況、問題を聞いて、その問題の解決策を提案して信頼を得るのが重要になります。上記のように解決策を一つでも提案することで、Amazon に詳しいと思われて、一転して取引に応じてくれるケースもあります。

　逆に、すでに信頼できるセラーに限定化している、寡占状態のケースは厳しいことがあります。しかし、その場合も諦める必要はなく、「自分は価格を下げずに必ず適正価格で販売することを誓う」「取引ができれば毎月200万円仕入れることができる」など、相手に自分と取引するメリットを提示しましょう。一転して Amazon 販売 OK になるケースもあります。

　また、既存ページへの出品は NG でも、Amazon で新規商品ページを作成すれば OK とか、楽天など他の販路での販売は OK という場合もあるので、諦めない方がいいです。

利益が出ない価格の場合は交渉しよう

　もらった見積もりで利益が出ない場合、だいたいの方が諦めてしまいます。もう一歩の粘った交渉で利益が出るメーカーになる可能性があるのに、非常にもったいないです。

　その場合は、Amazon 手数料や送料を差し引くと、現在の卸値では利益が出ないことをしっかり伝えましょう。その上で、メーカーにもメリットを提示しながら、より良い条件があるのか聞くといいでしょう。例えば、以下のような感じです。

- 「仕入れ量を増やした場合は、掛け率は変わりますか？」
- 「今後、長期的に取引をすることで、卸値は変わりますか？」

　ただし、仕入れ値が安くなったからと言って、需要に見合わない数量を大量仕入れしてしまわないように気をつけましょう。購入しすぎて、キャッシュフローが悪くなるのはやりがちなミスです。

　また、現状のAmazonセラーが利益が出る価格で出品しているなら、そのセラーの取引条件を聞くといいでしょう。

- 「現在Amazonで出品しているセラーがいますが、同じ条件になるにはどうしたらいいでしょうか？」
- 「一番掛け率の低い人は、どういった条件で購入していますか？」

　このような一歩踏み込んだ交渉をすると、好条件が引き出せる場合があります。

既存の取引先で信用度をアップさせよう

　メーカー取引が一社決まれば、それを派生させていき、以下のように交渉していきましょう。

- 「私は○○（カテゴリー名）を扱っており、すでに○○社と取引があります。御社の商品も新規に取り扱わせていただけないでしょうか」

　このように交渉すると、信用度アップにつながりますので、取引が決まりやすいです。

　ただし、派生させたメーカーが既存取引メーカーのライバル企業の場合は逆効果のこともあるので注意が必要です。

返信がない場合の対応策

　一度のメール連絡だけで、ビジネスがスムーズに進むとは限りません。相手もたくさんのメールが来ていて埋もれていたり、迷惑メールに入ってしまうケースもあるでしょう。よって、一度で諦めるのではなく、迷惑がられない限りは何度も送りましょう。

　心理学の一つで、人はコンタクト回数が増えれば増えるほど、その人に親近感が湧く「ザイオンス効果」というものがあります。私のコンサルティングでは「返信がなくても最低7回は同じ相手にメールを送るようにしましょう」と教えています。

　また、メールで返信がない場合は電話も有効です（国内の場合はFAXも有効です）。英語がうまく話せなくても、「メールを送ったので確認をお願いします」と一言伝えるだけでも効果はあるでしょう。

メーカー取引が決まらない方はここに注意

　コンサルティングをしていると、メーカーとどのように交渉すべきかよく相談を受けますが、相手メーカーの悩みがわからないので、回答しづらいケースがあります。

　メーカー取引がうまく決まらない方は、独りよがりの交渉になっていないかと今一度、確認するといいです。メーカー取引においては、まずは、現在のメーカーの状況、問題を聞いて、その問題の解決策を提案して信頼を得るのが重要になります。

　よく下手な営業マンは、相手の状況も課題も知らず、ただ自分の商品を売ろうとすると言います。まさにそれで、メーカーの問題点もわからずに、本に書いてあることをただ一方的にそのまま言うだけだと、なかなか信頼は得られません。それはメーカーにとって、本当の悩みを解決する提案ではなかったりするからです。

　メーカーによっても課題や問題点は違うので、解決方法や交渉方法も違うということです。メーカー取引が決まらない方は独りよがりの交渉になって

いないか、今一度、注意をしてみるといいと思います。「まず相手の現状、悩みを聞き出してから、その後に最善の解決策を提案する」ということを意識すると、成約率もぐっと上がると思います。

独占販売権を獲得しよう

独占販売権はAmazon輸入の最終形態

　メーカーから商品を卸してもらえるようになったら、日本の独占販売権を獲得（＝日本総代理店契約）するのがお勧めです。

　独占販売権を獲得すると、日本では自分しか、そのメーカーから商品を仕入れられなくなります。要するに、日本でその商品を販売したい場合は、すべて唯一の代理店であるあなたから商品を購入しなければならなくなります。

　そうなると、自分で販売価格を自由に設定することができるようになりますので、値崩れが起こることはありません。価格調整をしなくていいですし、極端な話、1年寝ていたければ、1年分の仕入れをして、FBAに置いておけばいいだけになります。

　さらに、卸売店の販路を開拓すれば、業者へ商品を卸販売することで、1回の取引で大きな利益を得ることができます。実際に、私や私のクライアントは、Amazon以外の「楽天ショップ」や「ネットショップ」や「実店舗」にも商品を卸販売することで、効率的に利益を上げています。

　AmazonのFBAと卸販売を組み合わせることで、効率良く、安定的に月収200万円を稼ぐことが可能になります。まさに、独占販売権はAmazon輸入の「最終形態」といえるでしょう。

　私はこのスタイルでやっているので、円安だから稼げないと感じたことは一度もありません。

個人でも独占販売権を獲得できるのか？

私はよく「個人でも独占販売権を獲得できるのですか？」という質問を受けます。

個人ではメーカーに相手にされないと思っている方も多いようですが、これは極めて日本的な価値観です。確かに、日本のメーカーだと、「法人じゃないと相手にしない」というケースが多いですが、海外メーカーの場合は、「会社対会社」ではなく、「個人対個人」をより重要視しています。

欧米社会は、必ずしも会社の看板や規模によって決めるのではなく、個人の能力を評価してくれる風潮があります。それなので、私たちのような個人でも独占販売権を獲得することは十分可能です。

私はビジネスを始めて3年目に法人化をしましたが、2年間は「Ryosuke Takeuchi」という個人名だけで戦ってきました。個人名だけでも数々のメーカーの独占販売権を獲得してきましたし、私のクライアントも獲得しています。何もない個人が、世界を相手にビジネスをできるのが、このビジネスの醍醐味なのです。

なぜ、海外メーカーがこれほどまでに日本人ウェルカムなのかというと、海外メーカーは各国に代理店を置き、代理店経由で海外販売を展開するケースがほとんどだからです。

メーカーとしても、コストをかけずに日本でPRして販売してくれたら、デメリットは何もありません。小規模メーカーでしたら、資金もないので、「あなたの商品を日本で販売させてもらえませんか？」というオファーが来たら嬉しいものです。日本は世界屈指の経済大国であり、メーカーにとっても、その日本市場で販売できるまたとないチャンスになります。

さらに、日本人は世界的に真面目で勤勉な印象があるため、貿易取引で信頼されています。それなので、私たちが「日本人」というだけでビジネスが優位に進んでいきます。

私は、海外メーカーの人と信頼関係を構築し、日本人としての誇りを持って仕事をしています。これほどやりがいのあるビジネスは他にないと感じて

351

います。

🛒 独占販売権を獲得するポイント

　それでは、独占販売権を獲得するポイントを以下に説明します。

①どのくらい注文するかを伝える（できれば、年間販売計画を送る）
②熱意を伝える
③商品への愛情と興味を示す

　相手もビジネスをしているので、やはり資金がないと厳しい面はあります。どのくらい売上が上がるかもわからないのに、軽い気持ちで日本の独占販売権を与えることはできません。

　そのため、年間販売計画を送れば、信頼は増すでしょう。

　「独占販売権をください」と伝えると、メーカーから最低購入数を提示されることもありますので、その場合は、その数量を購入することを約束してください（もちろん、最低購入数が多すぎる場合は、数量を減らす交渉をしてみるのも有効です）。

　しかし、私自身もそうでしたが、資金がない方がほとんどだと思います。そのような場合は、相手に熱意を伝えたり、商品への愛情と興味を示すことで好印象を与えられるでしょう。

　何より大事なのは、熱意と情熱を持って、「あなたの商品は素晴らしい商品なので、なんとしても日本で広めたい」「独占販売権をください、日本の市場を任せてください」ということを伝えてみることです。交渉する際は、多少オーバーなくらいでちょうどいいです。

　難しいことは何もありません。「オファーするかしないか」だけの話です。

　アメリカの経営コンサルタントであるジェームス・スキナーは、「断られてもいないのに、自分の夢を諦めるな」といっています。私は、まさにその通りだと思います。

352

私だって最初は何もわからないところからスタートしましたが、「独占販売権をください」という、この一言から人生が変わったのです。

独占販売権の契約書について

　メール文面だけで独占販売契約できる時もありますが、書面で交わした方が効力が増します。契約書はメーカーから提示されるケースが多いですが、契約書を自分で作成する必要がある場合もあります。

　その場合には、この本の470ページの特典で実際に私が使っている独占販売権の契約書をお渡ししていますので、それをテンプレートとして参考にしてください。ただし、あくまでテンプレートなので、メーカーとの話し合いで臨機応変に追記したり、削除してカスタマイズしてください。

　基本的には、両者の名前、住所、サイン、独占販売権の契約期間、商品名、販売地域などを記載します。その他にも必要に応じて、インコタームズ、不良品対応、輸送方法、納期、価格や支払い条件、トラブルの解決方法などを記載します。

　ただ、自分で作成する場合には、不利な条件などはできるだけ記載しない方がいいです。例えば、価格や購入数量やノルマは、メーカーとの付き合いで下がるケースもあります。柔軟に対応したいところは、私はあえて契約書に記載しません。

　メーカーから契約書を提示されるケースでも、自分に不利な条件などがないかをしっかり確認しましょう。大きな取引の場合や、気になる点があれば、弁護士に相談して作成するのも手です。

353

COLUMN 常に WIN-WIN の関係を目指そう

　私がビジネスをする上でいつも考えていることは、私とビジネスで関わる人とは、常に WIN-WIN な関係でいたいということです。

　私の物販では、「取引先のメーカー」→「自社」→「卸先の業者」→「お客様」のような流れでビジネスをしている商品がありますが、全員が喜び合える関係、そして、ALL-WIN になれることを常に考えています。

　現に、メーカーの人は本当に喜んでいますし、私ももちろん喜んでいます。

　卸先の業者さんからも感謝されるし、購入者さんからも「素晴らしい商品が使えて感謝しています！」と喜びの声をもらっています。これこそが最高のビジネスの形態だと思っています。

　また、私の会社に携わってくれている方や、荷受け発送パートナーも、家の中でやりたい時に仕事ができますので、私の会社にとても感謝してくれています（お給料は子どもの養育費に充ててくれています）。

　コンサルティングでも、私がやってきたノウハウは余すことなく教えていますし、なるべく時間をかけての対面コンサルティングもしますので、結果は出しやすいです。皆さん満足してくれています。

　そしてもちろん、本書を読んでいただいている方にも、価値のある情報を提供し、1人でも多くの方に稼げるようになってもらおうと、WIN-WIN の関係構築ができるよう、執筆をさせていただきました。

　きれいごとに聞こえるかもしれませんが、私のビジネスを通して、関わる人みんなが幸せになってくれたらいいなと本気で思っています。何より、その方が私も、あなたも、皆が気持ちのいい関係性になります。

　結果的に、これが長期的に安定をしながら、ストレスフリーで生きることに繋がっていくのです。

COLUMN 利益億レベルのスイスメーカー社長とハイキング

　2019年7月に、スイスのシュヴィーツ州のミューテン山で、Amazon日本での利益が億レベルのスイスメーカー社長とハイキングをしてきました（弊社が日本総代理店をしている商品のメーカーです）。中級〜上級の経験者向きの山で、ケーブルカーと登山でなんとか山頂まで到達しましたが、息を飲むほどの360°パノラマの絶景が待っており、空気もとてもおいしくて気持ちよかったです。

　山頂では今後の販売に関してや、他愛もない話をして笑い合いました。日本のゴルフのように、ハイキングはスイス人なりの関係性の深め方なのかもしれません。社長は、ハイキングに行くのは「ビジネスは関係なくて、亮介とは単純に友達として行きたいからだ」と言ってくれました。

　正直なところ、誘われたときは、急な話だったので通訳も用意しておらず「1人で英語できるかな」「既に良好な関係があるのに、何か失礼があったら嫌だな」と一瞬考えました。それに、言葉はアプリでなんとかなるとしても、旅先ということで私は運動シューズを持っていなかったのです。

　それを正直に話したら、なんと登山前日に社長がご自宅に招いてくださり、運動シューズと靴下を貸してくれました。そのときに、家の中まで案内していただき、家族を紹介してくれたり、娘さんと握手したりもしました。

　こんなふうに取引先の社長とプライベートでも仲良くなれるなんて、行って大正解でした。メーカーや取引先からプライベートで何かイベントなどに誘われた場合には、思い切って誘いに乗ってみると、親睦が深まりますし、ビジネスも優位になるのではないでしょうか。

　僕自身、一生忘れない最高の思い出ができました。Amazon輸入ビジネスは楽しいし、大きく稼げるし、最高のビジネスだと改めて感じています。

▪ミューテン山にて

商標権の確認をしよう

商標権を登録しないリスク

　メーカー取引が成立したり、独占販売権を獲得したら商標権の確認を必ずしましょう。ニッチな海外メーカーの場合は、日本での商標権を取得していないケースもよくあります。メーカーに聞くと海外で登録したといわれるケースもありますが、商標権は各国で違いますので注意してください。しっかり日本で登録されているかを、後に説明する特許庁のJ-PlatPatで確認する必要があります。

　時間や労力をかけてせっかく独占販売権を獲得しても、第三者に商標権を勝手に登録されてしまう危険もあります。いわゆる商標ヤクザという人です。その第三者がAmazonに商標権侵害を報告して、出品停止をさせられてしまうこともあります。実際に過去、私も無知だった頃に、1商品で月収100万円程度稼いでいた主力商品である、2メーカーの2商品で、このような被害に遭ったことがあります。メーカーとの契約書もあり、独占販売権を持っているにも関わらず、Amazonで出品停止になり、売上はゼロになりました。

　このような場合は、第三者の商標権を潰す異議申し立てや無効審判もできるのですが、費用が50万円～100万円程度かかる上に、半年程度の期間もかかります。しかも無効審判を請求したとしても、必ずその商標を潰せるわけではありません。よって、このようなリスクを考慮すると、最初からメーカーに商標登録してもらうのがお勧めです。

🛒 商標権を確認する方法

　商標登録は、特許情報プラットフォームJ-PlatPatで確認してください。「商標」を選択して、調べたいメーカー名、ブランド名、商品名を検索します。

　ここの簡易検索では、完全に一致した商標しかヒットしないので、アルファベットやカタカナなどに注意してください。

- J-PlatPat　https://www.j-platpat.inpit.go.jp

- J-PlatPat

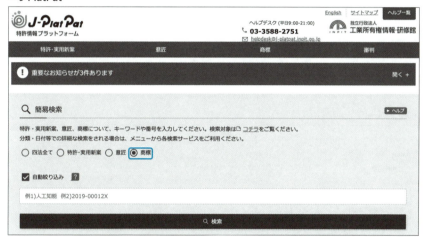

　このサイトでは、様々な情報を検索できますが、呼称検索といって、商標の発音で検索することもできます。検索範囲が広くなりますが、類似商標まで調べることができます。

　やり方は簡単です。トップページの「商標」のタブから、「商標検索」をクリックします。

- トップページ

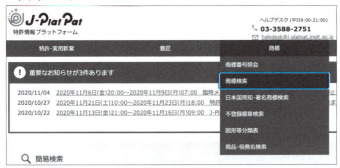

　商標（マーク）の中の「称呼（単純文字列検索）」から「称呼（類似検索）」を選択して、ブランド名などを調べてみるといいです。称呼はカタカナで入力してください。

- 検索ページ

- メニュー

🛒 商標権を登録する方法

　そこまで売れていないメーカーは第三者に狙われにくいですが、ある程度売れてくると狙われる可能性が高くなります。もし登録されていなかった場合は、メーカーに連絡して登録を促しましょう。

　まずは知的財産や商標の専門家である弁理士に相談し、出願、申請の依頼をします。弁理士は英語もできるので、海外メーカーに紹介をすれば、後はやり取りをして登録してくれます。

　以下が、Amazonの事情にも詳しい、お勧めする知的財産事務所です。アビソク綜合知的財産事務所の越場先生は、長い付き合いで懇意にさせていただいています。

- アビソク綜合知的財産事務所　https://abisok.jp/

- アビソク綜合知的財産事務所

　また、以下のオンライン商標登録サービスも評判が良く、使っている人も多いです。

- Toreru　https://toreru.jp

■ Toreru

　もしメーカーが日本の商標登録に、あまり乗り気ではない場合は、メーカー名義で代理で登録してあげるといいでしょう。商標権は、基本的には代理店が登録するものではなく、メーカーが取得するものです。なので、あくまで代理でメーカー名義で登録をしてあげる形です。

　ただし、メーカー名義で代理で登録する場合には、事前にその旨をメーカーに確認して、許諾をもらうようにしてください。法的には、メーカーの許諾なしに代理店がメーカー名義の出願をすることはできないことになっています。弁理士に対する委任状をメーカーからもらう必要もあるので、出願前にメーカーの意思確認が必要です。無断でメーカー名義、代理店（自社）名義で登録するとトラブルになりかねないので注意してください。

　費用の相場としては、自分で商標登録する場合は、3～4万円程度で済みます。ただし専門知識がないと、調査に膨大な時間がかかり、非常に多くの工数がかかります。

　弁理士に依頼する場合は様々ですが、通常は10万円～15万円程度です。専門家である弁理士の領域なので、私はスピードと安心感を重視して、弁理士に依頼をしています。

　また、商標を取得したら、Amazonブランド登録といって、Amazon上で商

標を登録するといいでしょう。ブランドと商品ページの保護が、さらに強くできます。

- Amazonブランド登録　https://brandservices.amazon.co.jp/

- Amazonブランド登録

SECTION 5 Amazonブランド登録をしよう

🛒 Amazonブランド登録の方法

　商標を取得したら、Amazon上で商標を登録するといいでしょう。ブランドと商品ページの保護が、さらに強くできます。

- Amazonブランド登録

https://brandservices.amazon.co.jp/

　サインインをクリックして、セラーセントラルと同じメールアドレスとパスワードでログインします。一番最初は利用規約を確認して、同意をして進んでください。
　ログインが完了したら、Amazonブランド登録のトップ画面に移動します。

- **新しいブランドの登録ボタン**

> ブランド申請を管理する
>
> 新しいブランドを登録

　トップ画面の「新しいブランドを登録」をクリックして、ブランド登録を進めます。

- **ブランドの登録画面**

ブランドを登録する

今すぐ登録してブランドを保護し、成長させましょう

ブランドを登録するには、ブランド所有者であり、保留中または登録済みの商標を持っている必要があります

ブランド登録を開始するために必要な資料

ブランド登録を開始する前に、商標（TM）情報/書類をお手元にご用意ください。TMの所有権を確認するために必要になります。事業者がTMを所有している場合でも、事業の確認のためにさらに情報提供をお願いする場合があります。受理されたビジネス情報および商標情報を表示🗗

保留中または登録済みの商標を持っています	商標を持っていません
登録を開始する前に、登録ガイドライン🗗をご確認ください	弁護士と連携してブランドの構築を始めましょう。
ブランドを登録する	IP Accelerator（商標登録促進）の利用を開始する

　次の画面で、「ブランドを登録する」をクリックします。

　すると、「ブランドに関する情報」を入力する画面になります。

第7章　月収200万円稼ぐための6ステップ

363

- ブランドに関する情報の登録画面

ブランドを登録する

(●) ブランドに関する情報 　　　○ 会社住所 　　　○ 製造および販売に関する情報

ブランドに関する情報

ご提供いただいた情報は、Amazonがブランドを識別するのに役立ちます。これにより、ブランド保護を強化することができます。

> (i) 申請を開始してから3日を過ぎると、自動的に期限切れになります。 詳細はこちら

申請するブランド名を入力してください。

[   ]

こちらで入力したブランド名が、アマゾン商品詳細ページに表示されます。大文字・小文字を区別して入力をお願いします。入力するブランド名は、原則として商標と一致している必要があります。

ブランドロゴをアップロード

必ずブランドを表すロゴを使用してください。そのロゴが画像全体を占めているか、白または透明の背景を使用している必要があります。ロゴがない場合は、ブランド名の高解像度の画像をアップロードしてください。商品の画像をアップロードしないでください。

使用できるファイルの種類は、.jpg、.png、.gifです
ファイルサイズは5MBを超えないようにしてください

[アップロード]

またはここにドラッグしてアップロード

　まずは申請するブランド名を入力してください。ここで入力したブランド名が、商品ページに表示されます。大文字・小文字までしっかり区別して、商標と一致しているブランド名を入力します。

　次にブランドロゴをアップロードしてください。ロゴが画像全体を占めていて、背景が白または透明のものを使用してください。

- ブランドに関する情報の登録画面の続き

ブランドに関連付けられている商標登録機関を選択します

[日本 - Japanese Patent/Trademark Office - JPO 　　　　　　　　　　　 ✕]

登録済みの商標で申請する場合は、登録番号を入力します。出願中の商標で申請する場合は、申請番号を入力します。

[   ] [確認]

例：1234567、2020-123456、123456

ブランドに関連付けられている商標登録機関は「日本」が選択されていますので、そのままで大丈夫です。

　次に、商標の登録番号を入力します。もし、まだ出願中の商標で申請する場合は、申請番号を入力します（Amazonは出願中でもブランド登録ができるのが特徴です）。こちらは357ページの特許情報プラットフォームJ-PlatPatで確認してください。

　登録番号か申請番号を入力したら、確認ボタンをクリックします。すると、以下の画面が表示されますので、該当のものを選択してください。

▪ 商標のステータス選択画面

　任意ですが、ここで商標所有権の証明書のコピーもアップロードしてください。

　次に、出品するブランドのカテゴリーを、プルダウンから選択します。

▪ ブランドのカテゴリー選択画面

> **ブランドを表すカテゴリー**
> Amazonでブランドを販売していない場合は、以下のリストからブランドを最もよく表すカテゴリーを選択してください。
>
> | カテゴリーを選択 | ^ |
> | --- | --- |
> | ☐ DVD | |
> | ☐ Kindle アクセサリ | |
> | ☐ MP3ダウンロード | |
> | ☐ PC | |
> | ☐ VHS | |
> | ☐ アウトドアリビング | |

続いて、商品情報を入力します。

▪ **商品情報の入力画面**

> **商品情報**
>
> ブランドを代表するASINを1〜3個入力してください。申請に記載されたブランド名はASINのブランド名と一致している必要があります。
>
> | Amazon.co.jp ∨ | 例： B0792KTHKJ | 追加 |
> | --- | --- | --- |
>
> Amazon標準識別番号（ASIN）は、Amazonカタログ内の商品を識別する10桁の固有のコードです。
>
> **ブランドの公式ウェブサイトのURLを入力します。** （任意）
>
> _____
>
> **ブランドを他のEコマースプラットフォームで販売している場合は、そのウェブサイトのURLを入力してください** （任意）
>
> _____
>
> さらに追加

　ここではAmazon.co.jpを選択して、ASINを入力し、「追加」ボタンをクリックします。

　任意で、ブランドの公式ウェブサイトのURL、他のプラットフォームで販売している場合はウェブサイトのURLを入力してください。

　続いて、画面の最下部に進み、商品画像をアップロードします。

▪ 商品画像のアップロード画面

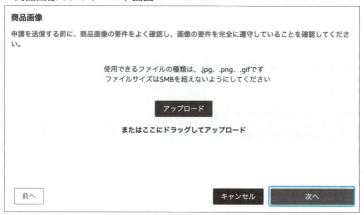

すべて完了したら、「次へ」をクリックしてください。
次の画面で、「出品用アカウント情報」を入力します。

▪ 出品用アカウント情報の入力画面

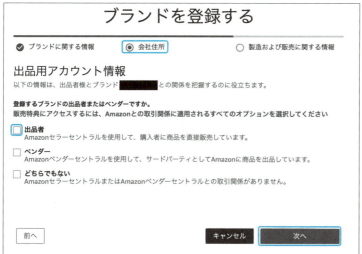

基本的には、Amazonセラーセントラルを使用して販売するので、「出品

者」にチェックを入れます。チェックを入れると、管理する出品用アカウントが表示されますので、該当のものにチェックを入れます。

　すべてチェックしたら、「次へ」をクリックします。

　すると、「製造および販売に関する情報」の画面に進みます。

▪製造および販売に関する情報の入力画面

　ブランド商品を他の小売り業者に販売している場合は「はい」、販売していない場合は「いいえ」を選択します。

　次に、任意でブランドの商品を販売している国を、プルダウンから選択します。

　最後に、ライセンス情報で、他の事業者に商標をライセンス供与している場合は「はい」、供与していない場合は「いいえ」を選択してください。

　すべて選択をしたら、「送信」ボタンをクリックします。

　これで登録の申請は完了です。

🛒 Amazonブランド登録のメリット①偽物や規約違反商品を排除できる

　Amazonブランド登録をしておくと、偽物を販売しているセラーや、相乗りの転売業者を、「知的財産権の侵害」としてAmazonに報告できます。Amazonに侵害が認められれば、出品を停止させたり、商品ページを削除することが可能です。

　権利侵害の報告をするには、まずAmazonブランド登録にログインし、保護タブの中から「権利侵害の報告」をクリックします。

- 保護タブ

　すると申告画面になるので、該当ASINを入力して検索ボタンをクリックします。

- 権利侵害の申告画面

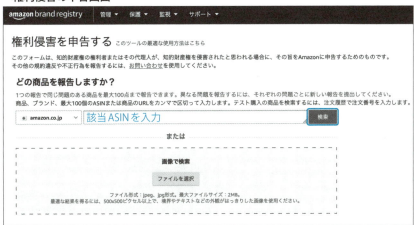

すると検索結果が表示されます。

▪権利侵害の申告画面（検索結果）

　商品ページごと報告する場合は、ASINの左横のチェックボックスにチェックを入れます。
　画像を報告する場合は「すべての画像を表示」から選択します。
　出品者を報告する場合は「出品を表示」から選択します。
　選択が終わったら、申告メニューから「商標権侵害」を選択します。

▪申告の種類の選択メニュー

　すると、追加情報の入力画面になります。

370

▪ 追加情報の入力画面

ここで追加情報欄の申告内容を選択し、ブランド名、登録商標を選択します。

▪ 追加情報の入力画面（続き）

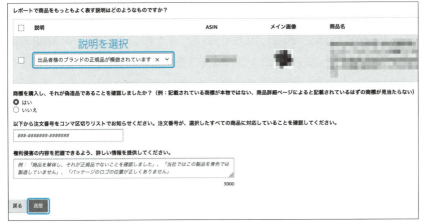

続いて、説明を選択します。

偽造品の確認をした場合は「はい」を選択して、注文番号を入力します。
権利侵害の内容の詳しい情報を入力し、送信ボタンをクリックします。

🛒 Amazonブランド登録のメリット②商品ページの編集が簡単にできる

　Amazonブランド登録をしておくと、自分が商品ページを作成していない場合や、複数のセラーが出品していた場合でも、該当ブランドのオーナーとして、商品ページの編集がしやすくなります。

　売上拡大のために、セラーセントラルの全在庫の管理画面から「出品情報の編集」を選択して編集しましょう。

🛒 Amazonブランド登録のメリット③Vineメンバーにレビューを依頼できる

　Amazonブランド登録されていれば、Vineメンバーへ商品を無料で提供する代わりに、商品レビュー投稿を依頼することができます。これをAmazonレビュー先取りプログラムといいます。

　Vineメンバーとは、Amazon内で質の高いレビューを記載しているユーザーで、Amazon側が独自に選定したユーザーのことです。AmazonではAmazonレビュー先取りプログラム以外で商品を無料提供したり、対価を与えて商品レビューを依頼するのは禁止されていますので、このプログラムは販促にとても有効です。

　短期間でレビューを集められるのもメリットです。

　新品商品であり、商品ページのレビューが30件未満の商品であることが条件となっています。

　Vineメンバーが書いたレビューには「Vine先取りプログラムメンバーのカスタマーレビュー」と緑色の表記が付与されます。

　ただし、必ずしも高評価が付くとは限りません。低評価が付くこともありますのでご注意ください。

Amazonレビュー先取りプログラムへ申し込むには、セラーセントラルの広告タブから、Amazon Vineをクリックしてください。

- 広告タブ

　すると、申し込み画面が表示されます。

- Vineの申し込み画面

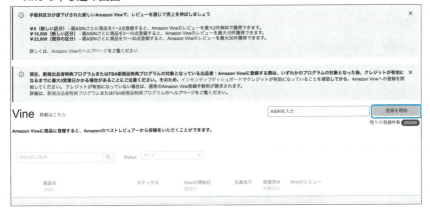

　ここでASINを入力して、登録を開始をクリックして設定してください。

🛒 Amazonブランド登録のメリット④ Amazonブランドストアが作成できる

　Amazonブランドストアとは、ブランドの商品を紹介し、独自のストーリーを伝えられるカスタムページです。これによりブランドの他の商品も販促できたり、認知度アップ、コンバージョンを促進できます。自由なページデザインで顧客の心を掴むことができれば、商品の販売だけでなくブランド力の強化にもつながります。

▪ Amazonブランドストアの例

　Amazonブランドストアを作成するには、セラーセントラルのストアタブから、Amazonストアをクリックします。

▪ ストアタブ

すると、ストアの作成画面が表示されます。

▪ ストアの作成画面

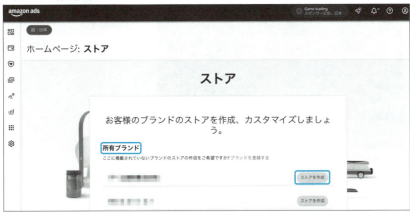

ここで所有ブランドからブランドを選んで、ストアを作成をクリックします。

🛒 Amazonブランド登録のメリット⑤商品ページにビデオ動画を掲載できる

　Amazonの商品ページに、商品説明用の動画が掲載されているのを見たことがある方もいると思います。商品を動きのある動画で訴求することで、より魅力を伝えられます。

　Amazonが公表したデータによると、動画を再生しなかった人に比べて、再生した人の購入成約率は3.6倍になるとのことです。私のコンサルティング生にも、動画を掲載することで、大きく売上アップした方が多いです。購入成約率がアップすることで、SEOも上がりますので、ぜひ動画での訴求を取り入れてください。

▪商品ページのビデオ動画の例

　ビデオ動画をアップロードするには、カタログタブから、ビデオのアップロードと管理をクリックします。

▪カタログタブ

　すると、ビデオのアップロードと管理画面が表示されます。

▪ビデオのアップロードと管理画面

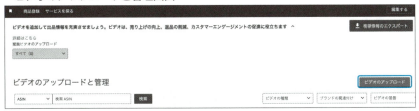

　ここでビデオのアップロードのボタンをクリックすると、アップロード画面が表示されます。

▪ビデオのアップロード画面

　あとは画面に従って、タイトル、ASIN、ブランド、言語を入力して、サムネイルをアップロードします。

🛒 Amazonブランド登録のメリット⑥スポンサーブランド広告、スポンサーディスプレイ広告ができる

381ページで説明するスポンサープロダクト広告以外にも、スポンサーブランド広告が出稿できるようになります。スポンサーブランド広告では、Amazon商品検索欄の最上部や最下部、商品詳細ページ内に、ブランドやロゴ、商品の一覧が並びます。商品だけでなく、Amazonストアにも消費者を誘導できますので、ブランド全体の売上にもつなげることができます。

▪ スポンサーブランド広告の例

他には、検索結果ページ中盤にスポンサーブランド動画広告を出稿することもできます。

■ スポンサーブランド動画広告の例

　スポンサーディスプレイ広告は、Amazon内外の多様な場所に表示することができ、ユーザーの購買行動に基づいたターゲティングができます。一度、商品ページを見て離脱したユーザーや、同じカテゴリーの商品を検討したユーザーに対して再度広告を表示することも可能となります。こういったリターゲティング機能があるのがスポンサーディスプレイ広告です。

　ただし、Amazon内外の幅広い場所へ広告が出るため、広告費が高くなりやすいのでご注意ください。

■ スポンサーディスプレイ広告の例

🛒 Amazonブランド登録のメリット⑦ Amazonブランド分析が利用可能になる

　Amazonブランド登録をしておくと、セラーセントラルのメニュー選択項目の「ブランド」から、ブランドの様々なデータが見れるようになります。

　「ブランド分析」の検索分析では、ブランドごとの検索キーワード、検索ボリューム、購入率などがわかるので、キーワード選定の役に立ちます。

　「カスタマーレビュー」では、ブランド商品のレビューが見れるようになっていて、低評価レビューの購入者へ連絡ができるようになっています。購入者にレビューの変更を依頼することはAmazonの規約違反ですが、サポートの方法次第では低レビューを改善できることもあります。

- Amazonブランド分析

　今の時代、Amazonでの本格的な販売において、ブランド登録は必須になります。ブランド登録をすることは、メーカー、代理店、購入者にとってもメリットしかありませんので、ぜひAmazonブランド登録をしてください。

　私も独占販売権を獲得した全メーカーで、必ずブランド登録をするか、メーカーから権限をもらっています。メーカーがまだ日本の商標を登録していない場合、商標登録、ブランド登録をすべてこちらで任されて、登録するケースもあります。メーカーがすでにAmazonでブランド登録している場合は、私たちに権限を付与してもらいます。ブランド登録ができたら、メーカーにとってどんなメリットがあるかを明確に伝えて、権限を与えてもらう交渉をしましょう。

商品を販促しよう

販促力を磨くことで、独占販売権の交渉も有利になる

これまでは、過去のデータから「今何個売れているか？」をリサーチして、商品を販売してきました。ここでは「今後の販売数を何個増やすか？」という視点で、Amazonの広告の説明をします。

たとえば、独占販売権には通常はノルマがありますが、これが月に300個だったとします。しかし、Amazonでは月に200個しか売れていないとします。当然、ノルマを下げる交渉をすべきですが、どうしてもノルマが下がらない場合もあります。ここで多くのセラーが諦めるでしょう。

しかし販促力があれば、月間販売個数を1.5倍に増やすことができ、月に300個のノルマでも契約をできます。このように販促力を磨くことで、独占販売権の交渉も有利になるのです。

スポンサープロダクトを活用しよう

スポンサープロダクト広告とは、大口出品者のみが利用できる、Amazon日本に広告掲載するサービスです。検索結果や商品ページに「スポンサー」と掲載されている商品がありますが、あれのことです。

▪ 検索結果のスポンサープロダクト

▪ 商品ページのスポンサープロダクト

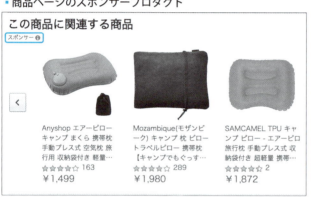

スポンサープロダクト設定方法

　スポンサープロダクト広告を出すためには、セラーセントラルにログインして、広告タブから「広告キャンペーンマネージャー」をクリックします。

- 広告タブ

次に、スポンサープロダクト広告を選択し、「続ける」をクリックしてください。設定でわからない場合は、電話サポートを受けることもできます。

- 広告の種類の選択

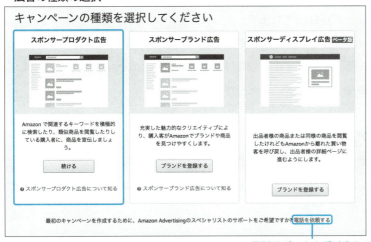

電話サポートを受けられる

次の画面で、キャンペーンの作成をクリックすると、キャンペーン作成ページに進みます。

キャンペーン名は自分のわかる名前にしましょう。私は、基本的にはシン

プルに「1キャンペーン・1広告グループ・1商品」と決めていますので、商品名と、後で説明するターゲティングの種類を設定しています。

開始、終了は、広告設定する期間を入力してください。

1日の予算は、500円～5000円程度と、最初は低めに設定しておきましょう。最初は思いもよらず広告費が高くなりがちです。最初は低めに設定し、後から効果を見ながら調整していきましょう。

次に、ターゲティングを選択します。スポンサープロダクトには下の2種類があります。

●オートターゲティング

オートターゲティングは、Amazonがキーワードを自動で選択して広告してくれます。要するに、Amazonがキーワードを自動で考えてくれるので、自分は考える必要はありません。具体的には、商品ページの「商品タイトル」「商品説明文（商品紹介コンテンツ内文章を含む）」「検索キーワード」の箇所からキーワードが抽出されます。

また、関連商品を自動で選んで広告掲載してくれます。

つまり、商品と広告金額を設定すれば、すべてAmazonが自動で広告してくれる仕組みです。初心者にはありがたい広告です。

●マニュアルターゲティング

広告をかけたいキーワード、商品を、すべて販売者が設定して広告する仕組みです。自分がどのキーワードで売れるかわからないと、設定ができません。

スポンサープロダクトを設定する場合は、オートターゲティングかマニュアルターゲティングを選んで設定をします。また、2つのキャンペーンを作成すれば、1つの商品を併用して設定することもできます。

私が考える効果的なスポンサープロダクト広告は、オートターゲティング

とマニュアルターゲティングを併用して広告出稿を行うことです。オートターゲティングでキーワードを収集し、売れるキーワード、費用対効果の高いキーワードがわかったらマニュアルに移行していくと、効果的な広告設定ができます。

▪ キャンペーン作成ページ

```
キャンペーンを作成する

設定                                    ❷ キャンペーン設定ガイダンスはこちら

キャンペーン名 ⓘ
ゲームソフト-オート

開始 ⓘ                 終了 ⓘ
2020年11月11日        終了日はありません

1日の予算 ⓘ
¥  1,000

ターゲティング
◉ オートターゲティング
  Amazon では、広告の商品に類似したキーワードと商品をターゲティングします。
○ マニュアルターゲティング
  買い物客の検索結果をターゲティングするためのキーワードまたは商品を選択し、個別の入札額を設定します。
```

　ここでは、まずオートターゲティングを選択した場合を説明します。

　キャンペーンの入札戦略を選択する画面になるので、以下の3つの中から選びます。

●「動的な入札 - ダウンのみ」

　この設定は、たとえば、1クリック100円で設定した場合に、0〜100円のキーワードを入札します。100円より高くなる場合は入札しません。

●「動的な入札 - アップとダウン」

　たとえば、1クリック100円で設定した場合に、売れる可能性があれば2倍の200円のキーワードまで入札します。

● **固定額入札**

自分で設定した金額固定で入札する戦略です。固定よりも、Amazonのシステムに任せた方が効率がいいので、よっぽどの目的がない場合が使うべきではありません。

基本的には、「動的な入札 - ダウンのみ」を選択します。

また、掲載枠ごとの入札額の調整をクリックすると、検索結果の1ページ目の上部に掲載したい場合に最大900%（つまり10倍）上げて入札額の調整ができます。

▪ キャンペーンの入札戦略

次に、広告グループを作成します。広告グループというのは、キャンペーンという箱の中に、袋を作って入れるイメージです。私は、「1キャンペーン・1広告グループ・1商品」と決めていますので、キャンペーン名と広告グループ名は同じにしています。

そして、広告する商品を選択して、追加ボタンを押してください。

▪広告グループの作成

広告グループを作成します
広告グループとは、同じ一連のキーワードおよび商品を共有する広告をグループ化したものです。同じカテゴリーやプライスポイントの範囲に入る商品をグループ化することを検討してください。キャンペーン開始後にキャンペーンマネージャーでキャンペーンを編集して、追加の広告グループを作成することができます。

設定   ❶広告グループを作成する

広告グループ名 ❶
ゲームソフト-オート

商品 ❶   ❶広告を表示する商品を追加する

検索   リストを入力   アップロード   0個の商品

🔍 商品名、ASIN、または SKU で検索

登録日で並べ替え 降順 ▾   このページですべてを追加

[画像] Jurassic World Evolution (輸入版:北米) - PS4   追加
       ☆☆☆☆☆ (945) ¥3,500 在庫あり
       ASIN: B07CCBRLJR SKU: test01

広告する商品を選択

　次に、入札額を設定します。「デフォルトの入札額」、もしくは「ターゲティンググループの入札額を設定」から選択します。

　最初は「デフォルトの入札額」で十分です。基本的には、推奨入札額を設定します。高くなることもありますが、その場合は広告効果を確認しながら、少しずつ下げて調整していくのが一般的な流れです。

▪入札額の設定

　「ターゲティンググループの入札額を設定」を選択すると、もっと細かく入札額を設定できます。

- ターゲティンググループの入札額を設定

オートターゲティング ⓘ

○ デフォルトの入札額 ⓘ

● ターゲティンググループの入札額を設定 ⓘ

ターゲティンググループ ⓘ	推奨入札額 ⓘ	入札額 ⓘ
⬛ ほぼ一致 ⓘ	￥47 （￥38-￥73)	￥ 40
⬛ おおまか一致 ⓘ	￥30 （￥25-￥45)	￥ 40
⬛ 代替商品 ⓘ	-	￥ 40
⬛ 補完商品 ⓘ	￥12 （￥6-￥24)	￥ 40

　ここで、「ほぼ一致」と「おおまか一致」は、検索キーワードの広告です。検索キーワードでの検索結果一覧に広告が表示されます。

　「ほぼ一致」は商品の検索ワードと厳密に一致する場合に広告が表示されます。広告が表示される範囲は狭いですが、費用対効果が良くなります。

　「おおまか一致」は商品の検索ワードと、おおよそ一致する場合する場合に広告が表示されます。広告が表示される範囲は広いですが、費用対効果が悪くなります。

- 「ほぼ一致」「おおまか一致」の比較表

ピーターパンの本の場合	
ほぼ一致	おおまか一致
ピーターパンの本	ピーターパンの塗り絵本
ピーターパンの絵本	おとぎ話の本
ピーターパンの児童書	文芸古典

　「代替商品」と「補完商品」は商品ページの広告です。他の商品ページの下部に広告が表示されます。

「代替商品」は広告したい商品に類似する商品ページを閲覧中の人に対して広告が表示されます。

「補完商品」は広告したい商品を補完する商品の商品ページを閲覧中の人に対して広告が表示されます。

▪「代替商品」「補完商品」の比較表

ピーターパンの本の場合	
代替商品	補完商品
ピーターパンの絵本 (革表紙のコレクター商品)	ピーターパンのハロウィンコスチューム
ピーターパンのポップアップブック	ピーターパンDVD
ピーターパンの本 (注釈付き)	ピーターパンの塗り絵本

まずは全てのターゲティングで運用し、費用対効果が悪いものは入札額を下げたり、運用を停止するといいでしょう。

次に、除外キーワードの設定をします。ここでは、広告に出したくないキーワードを設定できます。たとえば、男性向けアパレルの広告を出す場合に、女性向けのキーワードでは売れる可能性が低いです。その場合は、除外キーワードに「女性用」「レディース」と登録するイメージです。

まずは空欄で設定し、広告出稿後に、クリックされているのにまったく購入に結びついていないキーワードが見つかれば、それを登録して検索対象外にするといいでしょう。

第7章 月収200万円稼ぐための6ステップ

▪ 除外キーワードの設定

なお、除外キーワードの設定には「除外キーワードの完全一致」「除外キーワードフレーズ一致」の2つのマッチタイプがあります。

▪ 2つのマッチタイプの比較

マッチタイプ	設定キーワードの例	広告が掲載されない条件	除外される（広告表示しない）検索キーワードの例	除外されない検索キーワードの例
フレーズ一致除外	メンズ シューズ	指定したキーワードと同じ語順で検索された場合	メンズ シューズ メンズ シューズ レーザー	シューズ メンズ メンズ レーザー シューズ
完全一致除外	メンズ シューズ	指定したキーワードのみで検索された場合	メンズ シューズ	メンズ シューズ ブラック

※Amazon出品大学より引用

次に、除外する商品ターゲティングの設定をします。ここでは、広告に出したくない商品を設定できます。

こちらも、まずは空欄で設定し、広告出稿後に、クリックされているのにまったく購入に結びついていない商品が見つかれば、それを登録して検索対象外にするといいでしょう。

390

▪除外する商品ターゲティングの設定

最後に、「キャンペーン作成」をクリックすれば完了です。これで、オートターゲティングの広告がスタートします。

▪キャンペーン作成

マニュアルターゲティングの場合の設定方法

次に、キャンペーン作成ページでマニュアルターゲティングを選択した場合の流れを説明しましょう。

▪キャンペーン作成ページ

キャンペーンの入札戦略、広告グループ作成、商品選択はオートターゲティングの場合と同じです。

マニュアルターゲティングの場合は、オートターゲティングの場合の手順に追加して、「キーワードターゲティング」「商品ターゲティング」の設定が加わります。

■ ターゲティングの選択

　キーワードターゲティングは、キーワードに対する広告です。広告設定したいキーワードが明確に決まっている場合には、キーワードターゲティングを選択しましょう。
　一方、商品ターゲティングは、特定の商品、カテゴリー、ブランドなどに出稿する広告です。要するに、関連商品やライバル商品に広告掲載することで、自分の商品も販売しようという戦略です。
　「キーワードターゲティング」「商品ターゲティング」は1つのキャンペーンでどちらかのみしか設定できません（両方設定する場合は、キャンペーンを2つ作成してください）。
　「キーワードターゲティング」と「商品ターゲティング」、それぞれの設定方法は次の通りです。

①キーワードターゲティング
　キーワードターゲティングを選択した場合、「キーワード」「マッチタイプ」「入札額」を設定する必要があります。

▪ キーワードターゲティングの設定

キーワードターゲティング				❼ キーワードターゲティングのベストプラクティスはこちら			

推奨 ⓘ　リストを入力　ファイルをアップロード

入札額　[推奨入札額 ⌄]

フィルター条件　☑ 部分一致　☑ フレーズ一致　☑ 完全一致

キーワード	マッチ-タイプ ⓘ	推奨入札額 ⓘ	すべて追加
ワールド ps4	部分一致	￥29	追加
	フレーズ一致	￥29	追加
	完全一致	-	追加
ps4 jurassic world	部分一致	￥54	追加
	フレーズ一致	-	追加
	完全一致	-	追加
ps4 jurassic world evolution	部分一致	￥54	追加
	フレーズ一致	-	追加
	完全一致	-	追加

0 が追加されました　　　　　　　　　　　すべて削除

キーワード	マッチ-タイプ ⓘ	推奨入札額 ⓘ すべてに適用	入札額 ⓘ

　推奨のキーワードは、Amazonが自動で選んだものです。関連性のあるキーワードもありますが、関連性がないものもあります。商品ページがしっかり作り込まれていれば関連性のあるキーワードが表示される可能性が高くなります。

　「リストを入力するのタブ」で、自分でキーワードを入力することもできます。売れるキーワード、費用対効果の高いキーワードがわかっているなら、それを入力していくと、効果的な広告設定ができます。

　マッチタイプには「部分一致」「フレーズ一致」「完全一致」の3種類があります。

●部分一致

　出品者の設定キーワードと、購入者の検索キーワードが一部でも一致すれば広告表示されます。設定するキーワードが「A B」の場合、「A」か「B」のどちらかが含まれれば広告表示されます。また語順が異なる場合でも、幅広く表示されます。

●フレーズ一致

　出品者の設定キーワードと、購入者の検索キーワードの、語順が一致すれば広告表示されます。または、前後に別のキーワードが含まれる場合も表示されます。設定するキーワードが「ＡＢ」の場合、購入者が「ＣＡＢ」で検索した場合は表示されます。「Ａ」だけ「Ｂ」だけ、または「ＢＡＣ」の場合だと、「ＡＢ」の語順ではないので表示されません。

●完全一致

　出品者の設定キーワードと、購入者の検索キーワードが完全に一致した場合のみ広告表示されます。前後に別のキーワードが含まれると表示されません。

▪マッチタイプの比較

マッチタイプ	設定キーワードの例	広告が掲載される条件	表示する検索キーワードの例	表示しない検索キーワードの例
部分一致	メンズ シューズ	指定したキーワードが含まれて検索された場合	人気 メンズ シューズ メンズ テニス シューズ 男性用 シューズ レディース シューズ	男性用 パンツ 人気 靴
フレーズ一致	メンズ シューズ	指定したキーワードと同じ語順で検索された場合	メンズ シューズ 人気 メンズ シューズ メンズ シューズ レザー	男性用 シューズ メンズ 人気 シューズ
完全一致	メンズ シューズ	指定したキーワードのみで検索された場合	メンズ シューズ	人気 メンズ シューズ メンズ シューズ レザー

※Amazon出品大学より引用

　入札額はオートターゲティングと同じ考え方で大丈夫です。基本的には、推奨入札額を設定します。高くなることもありますが、その場合は広告効果を確認しながら、少しずつ下げて調整していくといいでしょう。

▪入札額の設定

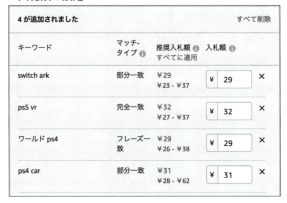

除外キーワードを設定したら設定は完了です。

最後に「キャンペーンを作成」をクリックしてください。

②商品ターゲティング

商品ターゲティングを選択した場合、「カテゴリー」と「個々の商品」を大きく選択できます。

▪商品ターゲティングの設定

カテゴリーでは指定したカテゴリーをターゲットにします。たとえば、今回は「PS4ゲームソフト」カテゴリーを選択します。

　ただし、このままだと、このカテゴリーの全商品をターゲットにしてしまい、範囲が広すぎます。その場合は、「絞り込み」をクリックしてください。ブランド、価格帯、レビューの星の数、配送で絞り込むことができます。購入者が興味を持っていそうなブランドなどを指定したり、あなたの商品の特徴に合わせて絞り込むといいでしょう。

▪ 絞り込みの設定

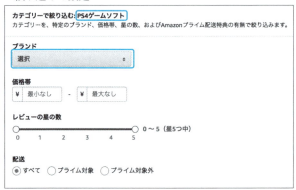

▪ ブランドの選択

次に、個々の商品では、指定した特定の商品をターゲットにします。推奨タブでは、Amazon推奨の商品を選び、ターゲット設定できます。もしくは、商品名やASINで直接ターゲット設定することもできます。

▪ 個々の商品

商品を選択し、除外するブランド、除外する商品を指定したら、設定は完了です。「キャンペーンを作成」をクリックしてください。

効果的なスポンサープロダクト運用方法

スポンサープロダクトを効果的に運用するためには、次の方法で行うといいでしょう。

① 2週間程度、オートターゲティングだけでデータを収集する。
② 購入に繋がっているキーワード、ASINをマニュアルターゲティングに追加していく。
③ 上記ステップを繰り返し、効果的なワード、ASINを探す。
④ 売れやすいキーワードには予算をかける。同時に、関連性がないキーワードや、クリックされているのにまったく購入に結びついていないキーワードを除外

キーワードに入れる。

　スポンサープロダクト初心者の方は、最初は、手っ取り早く簡単にできるオートターゲティングから開始しましょう。

　ただし、オートターゲティングは簡単にできてすぐに効果を発揮できますが、キーワードやASINの範囲が広いので、無駄な広告も多くなります。そこで、購入に繋がっているキーワードをマニュアルターゲティングのキーワードターゲティング、パフォーマンスの良いASINをマニュアルターゲティングの商品ターゲティングに追加していき、同時に運用しましょう。

　これを繰り返すことで、売れやすいキーワード、売れにくいキーワードがわかるので、売れやすいキーワードには広告予算をかけ、売れにくいキーワードは除外キーワードに入れていきます。

　スポンサープロダクトの運用結果は、セラーセントラルの広告タブの中の、広告キャンペーンマネージャーから確認できます。

▪ セラーセントラルの広告タブ

　また、セラーセントラルのレポートタブの中の広告レポートからも、より詳細なデータがダウンロードして確認できます。

- セラーセントラルのレポートタブ

以下に、広告運用でよく使われる用語の説明をします。

- インプレッション……広告が表示された回数のこと。広告がユーザーに見てもらえた回数。
- クリック率（CTR）……広告を見てクリックしたお客様の割合。クリック数をインプレッションで割った数。
- 広告費……広告費用の総額。
- 平均クリック単価（CPC）……広告のクリックごとに支払われた額の平均。
- 売上……商品売上の総額。
- ACoS……総売上に対する広告費の割合。ACoSは低い値であるほど広告効果が高い。

なお、ACoSについて、たとえば①3000円の広告費を使って1万円分の商品が売れた場合（ACoSは30％）と、②3000円の広告費を使って3万円分の商品が売れた場合（ACoSは10％）なら、①よりも②の方がACoSは優れています。

ただ、注意点として、②の場合でも利益が4000円しかない商品なら、利益は1000円になってしまいます。この場合は利益が低く、広告費も使いすぎです。

よって、どの程度のACoSを目指すのかは、商品によって異なるので一概にはいえません。

インフルエンサーを活用しよう

YouTuber・ブロガー・SNS（Xやインスタグラムなど）のインフルエンサーに商品を紹介をしてもらい、宣伝やレビューをしてもらう方法もあります。そこに商品のAmazon URLを貼ってもらい、外部から販促して誘導していくのです。私やコンサル生もYouTuberの動画でバズって大きな売り上げになった事例がありますので、とても効果的な施策です。

Amazonで商品を販売しはじめて1ヶ月くらいの期間をハネムーンピリオドと呼びますが、この新着期間に販売数を上げることで、Amazon内のSEOがかなり高まります。たくさん売れることでSEOも上がるので、発売と同時に行うのがもっとも効果的といえるでしょう。私も5名以上は専門ジャンルのインフルエンサーと繋がっていて、新商品を出す時には必ず販促の依頼をしています。

ただし、スポンサープロダクトはAmazon内部の広告でしたが、インフルエンサーを活用するのはAmazon外部の広告になります。そのため、商品ページに複数セラーがいる相乗りの場合は、他のセラーからも売れてしまうので避けた方がいいです。独占販売権を持っている商品や独自ページで売っているのが前提の施策になります。

インフルエンサーを探す方法

商品を紹介してくれそうなインフルエンサーを探すには、商品のカテゴリーや関連キーワード、Amazonで売れてるライバルのブランド名や商品名を検索すると効果的です。YouTuberならYouTube内で、SNSならSNS内で検索しましょう。実際にすでに同ジャンルの商品のPRをしてる人なら、依頼を受けてくれる可能性が高いです。

また定期的に動画を出していて、再生数がある程度回ってる人がいいで

す。基準は、直近の再生数が1動画3000〜1万回以上。紹介している商品が
Amazonで売れていたら、自分の商品も売れる可能性が高いです。

　注意点としては、エンタメ系や子供向けのチャンネルでは商品は売れづら
いので、避けた方がいいでしょう。ジャンルや属性があったチャンネルを選
び、視聴者がしっかりと学びや目的意識を持ち、真面目に商品レビューをし
ているチャンネルを選びましょう。

インフルエンサーの報酬の基準

依頼するインフルエンサーの報酬体系は、以下が基準になります。

①サンプルの無料提供
②直近の公開動画の再生数×1〜3円
③チャンネル登録者数×1〜2円

　チャンネル登録者数や再生回数がまだ少ないマイクロインフルエンサー
は、①無料の商品提供（ギフティング）だけの場合もあります。それ以外は、
基本的には①に加えて、②か③の報酬が必要になります。

　注意点としては、古参でチャンネル登録者数が多いYouTuberは、登録が
古く、見てないチャンネル登録者もいて反応が悪いケースがあります。なの
で、私は直近の公開動画の再生数をもっとも大事にしています。

インフルエンサーに連絡する方法

　インフルエンサーへの連絡は、メーカー取引と同じで連絡先に直接打診し
ます。SNSならメッセージが送れますし、YouTubeなら概要欄にSNSのリン
クやメールアドレスの記載があるので、こちらから連絡できます。なるべく
複数の連絡先に送った方が返信が来やすいので、SNSとメールアドレス両方
に送るようにしましょう。

　なお、YouTubeの概要欄を確認するためには、YouTuberのチャンネル

トップの「…さらに表示」をクリックします。すると、概要が表示されます。

- YouTubeの概要欄

上がXのURLです。

メールアドレスを見るには、「メールアドレスの表示」をクリックします（メールアドレスの表示が無いYouTuberもいます）。

すると、確認のメッセージが表示されます。

- 確認のメッセージ

「私はロボットではありません」にチェックを入れて「送信」ボタンを押します。

すると、YouTuberのメールアドレスが表示されます。

▪ メールアドレスの表示

```
チャンネルの詳細

✉  ▇▇▇▇▇@gmail.com
```

　メールでは商品名、商品URL、商品説明、商品提供（ギフティング）、報酬の内容を送ります。なお、1動画では販促効果が続かない場合が多いので、継続して依頼をしたり、独占契約をしている方もいます。

自社SNSでも販促できる

　私のコンサル生の中には、自社でYouTube、SNS、メルマガをやっている方もいます。商品に関する優良情報を発信しながら、お客様と関係を築いて商品を売っています。

　私自身も先日、自社のXでの告知だけで、発売初日にAmazonで日商200万円・日利120万円を達成しました。新商品を発売すること、商品の特徴、価格などは、事前にXのフォロワーさんに告知していたので、発売と同時に投稿することで、買いたかった方が一気に購入してくれた形です。このときは十分な在庫がなかったので、自社ツイートのみにしましたが、広告費ゼロで初日から上出来でした。

　自社Xは、そんなに大きな媒体ではないですが、自社の媒体をある程度持っておくと、自由に販促ができていいと感じました。

COLUMN 第一子が誕生してわかったAmazon輸入ビジネスの魅力

先日、元コンサル生から第一子誕生の連絡を受けました。本当におめでたいですね。

この方は、もともとは飲食事業を経営していましたが、お金と時間と場所に縛られない、人間関係に悩まされない人生を生きるために、他の事業を模索しておりました。それを解決するために、オンラインで完結するAmazon輸入ビジネスに興味を持ち、僕のコンサルティングサービスを受講されました。

まったくのゼロからスタートで、1ヶ月目に月利3万円、3ヶ月目に月利27万円、8ヶ月目に月利50万円、1年で月利120万円……と順調に進み、ヨドバシカメラやビックカメラ、ソフマップ、エディオン、Zoa、その他の大手量販店への卸販売も達成して、物販の法人設立もしています。

今では目標通り「1日1時間で月収200万円」を見事に体現されて、お金と時間と場所に縛られない、人間関係に悩まされない生活を送っています。そんな彼が、こんな感想を伝えてくれました。

「子供が生まれた事で、より時間や場所が自由なことが、どれほど貴重かと実感しており、本当に今の輸入ビジネスに出会えて良かったなと思っております！　もし、以前の仕事のままで、子供との貴重な時間を過ごせてなかったと考えるとゾッとしますね」

確かに、子供は本当に可愛いので、そういう時期にゆっくり毎日一緒にいられるのは本当に幸せなことです。それに、Amazon輸入ビジネスで稼げていれば、子育てに対する気持ちの余裕が全然違うと思います。私も毎日子供と一緒にいますので、それを日々、強く感じています。

あなたも、私やこのコンサル生のように、お金と時間と場所に縛られず、ご家族と余裕を持って接することができるように、ご自身で稼ぐ力を身につけることをお勧めします。

第8章

月収1000万円を目指す ための4ステップ

Amazon輸入で稼ぐための最終ステップです。

Amazon日本で成功した方は、ぜひ海外にも販路を広げましょう。

Amazonグローバルセリングを利用することで簡単に実現できて、ドルも稼げるようになります。

SECTION 1 Amazon グローバルセリング を活用しよう

円安のリスクヘッジでノウハウをアップデート

Amazon日本販売だけでも、拡大すれば月収1000万円は達成できます。私も達成できましたし、コンサルティング生でも20名程度達成できました。私のコンサル生の中にはAmazon日本販売だけで月収3000万円を稼ぐ方もいます。

ですのでAmazon日本だけでも十分に稼げますが、昨今は1ドル160円まで円安になりました。そこで注目したいのが、海外販売でドルを稼ぐ方法です。私自身、この手法を実際に実践したら利益が倍増しました。円と同じくらいのドルを稼げるようになり、リスクヘッジにもなります。

海外販売といっても、これから解説するのは日本からの輸出ではなく、海外から仕入れて海外で売る三国間貿易の手法になります。たとえば、日本独占販売権を獲得した台湾メーカーの商品を、アメリカでも独占販売権を獲得して、日本とアメリカの両方のAmazonで販売するイメージです。

何やら難しそうに思えるかもしれませんが、実はこの海外販売（越境EC）の手法は、Amazonグローバルセリングを利用することで、比較的簡単に実現できます。これまでのステップでAmazon日本でうまくいった方は、ぜひAmazonグローバルセリングを利用して、海外にも販路を広げましょう。

▪ 三国間貿易の仕組み

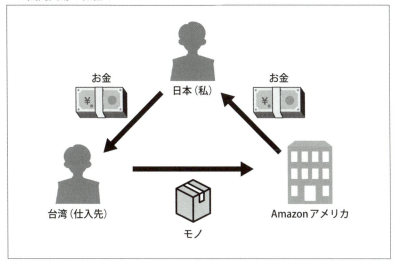

🛒 Amazonグローバルセリングとは何か？

　Amazonグローバルセリングとは、日本からでも海外のAmazonマーケットプレイスで商品を販売できるサービスです。2018年から提供が開始され、2025年1月時点ではアメリカ（Amazon.com）やイギリス（Amazon.co.uk）、シンガポール（Amazon.sg）など全世界で23のマーケットプレイスに対応しています。

　本格的に海外販売に参入しようとすると、通常であれば現地法人、物流、言語など、多くの障壁があります。しかし、Amazonグローバルセリングであれば、日本のAmazon（Amazon.co.jp）の出品アカウントさえあれば始められます。私は現在、Amazonアメリカ、イギリスで販売をしていますが、本書ではもっとも大きな市場であるAmazonアメリカに絞って執筆させていただきます。

🛒 Amazonアメリカと Amazon日本の違い

Amazonアメリカというと、英語で難しいイメージだと思いますが、実は Amazon日本と使い方はほとんど同じです。Amazonのグローバルセリングのサービスがありますので、基本的には世界共通のプラットフォームになっています。

セラーセントラルも言語選択で「日本語」を選択すると、日本語表記に変えることができます。実はテクニカルサポートも日本語での対応が可能になっていますので、日本人でも十分にビジネスがしやすい環境が整えられています。私は英語だからといって苦労したことは基本的にはありません。

唯一日本と違うのは、海外の銀行口座が必要になる点です。しかし、次に説明する代理口座を使用すれば問題ありません。

▪ セラーセントラルで日本語を選択できる

SECTION 2 Amazonアメリカの出品アカウントを作成しよう

🛒 海外代理口座ペイオニアの開設をしよう

　Amazonアメリカでの売上金の受け取りのために、ペイオニアの海外代理口座に登録しましょう。2025年1月現在、Amazonアメリカは日本の銀行口座を設定できません。なので、Amazonアメリカから海外代理口座へ入金し、その後に日本の銀行口座へ入金する必要があります。

- ペイオニア

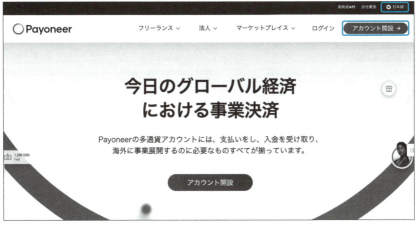

https://www.payoneer.com/ja/

　トップページから、アカウント開設をクリックします。
　そして次の画面で、Eコマースセラーを選択します

- 事業の種類の選択画面

次の画面で、10000米ドル以上を選択します。

- 月額売上高の選択画面

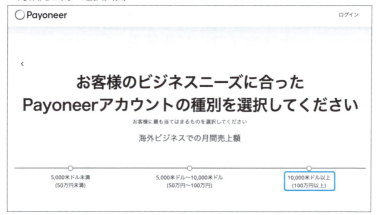

　最適なアカウントの種類が提示されますので、「また、今すぐアカウント開設することもできます」をクリックします。

- 最適なアカウントの種類の提示画面

すると、サインアップの「はじめに」の入力画面になります。

- 「はじめに」の入力画面

はじめに、「事業者登録または法人登記をされていますか？」という質問
があります。このステップまで進んでいる方は事業者登録、法人登記をされ
てる方しかいませんので、「はい、私は登録済みの事業の所有者または代表
者です」を選択してください。

　そして企業情報を入力します。各欄は英語アルファベットのみで入力して
ください。「企業の正式名称」と、オプションで「商号／屋号」を入力し、事
業の法人格の種類を選択します。任意で企業のウェブサイトのURLも入力し
ます。

▪ 「はじめに」の入力画面（続き）

　次に、代表者の情報を入力します。「連絡担当者の名」「連絡担当者の姓」「E
メールアドレス」「連絡担当者の生年月日」を入力してください。

　すべて入力したら、「次へ」をクリックします。

　すると、「連絡先情報」の入力画面になります。

- 「連絡先情報」の入力画面

Payoneer ペイオニアサインアップ

はじめに　連絡先情報　セキュリティー数報　完了までもうすぐです

各欄は英語アルファベットのみで入力してください
Providing a complete and accurate address speeds up your
account approval

企業の事業用住所

国
日本

番地
住所は必須項目です。

さらに詳細な住所（オプション）

都道府県

郵便番号

☐ 当社の登記済みの（正式な）住所は上記と異なります

　ここではまず企業の事業用住所を入力します。国は日本が入力されていますので、住所、都道府県、郵便番号を入力します。

　登記の住所とは異なる場合は、チェックを入れてください。

- 「連絡先情報」の入力画面（続き）

正式な担当者の携帯電話番号

+81　　　番号

［コードを送信する］をクリックして、携帯番号に送信される認証
コードを入力してください

認証コード　　　　　　　　コードを送信する

次へ

第8章　月収1000万円を目指すための4ステップ

次に、正式な担当者の情報を入力します。

携帯番号を入力し、「コードを送信する」をクリックすると携帯番号に認証コードが届きますので、その番号も入力します。

入力したら、「次へ」をクリックします。

すると、「セキュリティー詳細」の入力画面になります。

- 「セキュリティー詳細」の入力画面

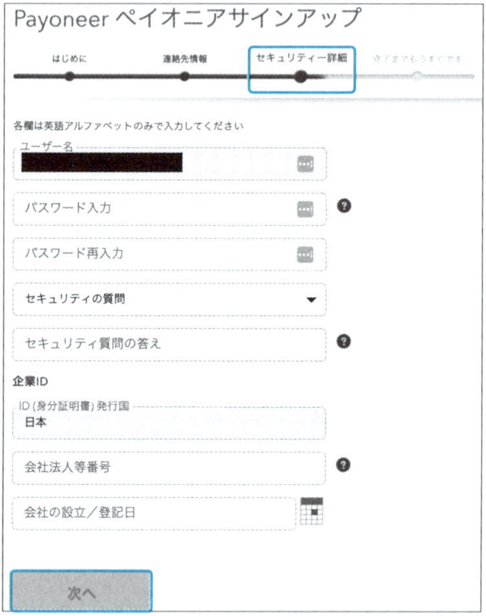

ユーザー名には先に入力したメールアドレスが入力されています。

「パスワード」を入力して、セキュリティの質問を選択し、そのセキュリティ質問の答えを入力してください。

企業IDは、ID（身分証明書）発行国にはすでに日本が入力されています。

会社法人番号、会社の設立／登記日を入力してください。

入力したら、「次へ」をクリックします。

すると、「完了までもうすぐです」の入力画面になります。

414

▪「完了までもうすぐです」の入力画面

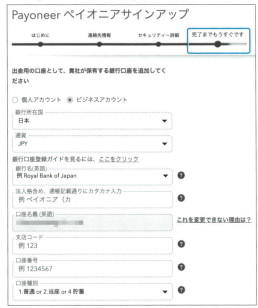

　出金用の口座として、銀行口座を追加します。個人口座を登録したい場合は個人アカウント、法人口座を登録したい場合はビジネスアカウントを選択してください。

　銀行所在国は日本、通貨はJPYがすでに選択されています。

　「銀行名」を選択し、名義をカナカナ入力します。

　口座名義はすでに英語の法人名が記載されています。

　「支店コード」「口座番号」を入力し、「口座種別」を選択します。

▪「完了までもうすぐです」の入力画面（続き）

　最後に、利用規約、料金、手数料、メッセージ受信に同意したらチェックを入れて、送信ボタンをクリックしてください。
　次の画面になれば申請完了です。

▪申請完了の画面

　この後「Payoneerへのお申込みを審査しています」というメールが届きます。同時に「メールアドレスをご確認ください」というメールが届きますので、メール内の「Eメールを確認する」ボタンをクリックしてください。
　審査が通ると、「Payoneerへの申請が承認されました」というメールが届

きます。メール内の「サインイン」をクリックして、先ほど申請したメールアドレスと、パスワードでサインインしてください。

すると携帯電話番号の入力画面になります。

▪携帯電話番号の入力画面

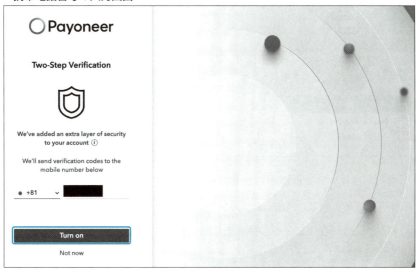

携帯電話を入力して「Turn on」をクリックします。

すると、確認コードの入力画面に切り替わり、同時に携帯電話に確認コードが届きます。

- 確認コードの入力画面

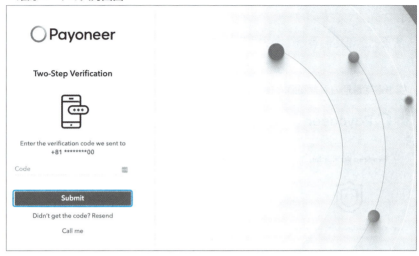

コードを入力して、「Submit」をクリックします。
するとリカバリーコードが届きます。

- リカバリーコードの表示画面

リカバリーコードは必ず安全な場所にメモして保管するようにしてください。保管したら「OK」をクリックします。

　これでペイオニアにログインできました。次にセキュリティの設定の更新を求められますので、「今すぐ更新する」をクリックします。

▪ セキュリティの設定の更新画面

　3つの質問と回答を登録して「変更する」をクリックすると携帯電話に認証コードが届きますので、認証コードをサイトに入力して、「送信」をクリックします。

　無事にセキュリティの設定が更新されたら、「更新されました」と表示されます。

▪ セキュリティの設定の更新完了画面

「利用を開始！」ボタンをクリックしてください。

するとペイオニアのホームページが表示されます。

• ホームページ

これで登録が完了し、ペイオニアを無事に利用できます。

🛒 Amazonグローバルセリングで出品アカウントを作成しよう

　海外代理口座の開設ができたら、Amazonグローバルセリングで、アメリカの出品アカウントを作成します。まずAmazon日本のセラーセントラルにログインして、在庫タブからグローバルセリングを選択します。

• 在庫タブ

在庫 >	全在庫の管理
価格 >	出品者出荷の商品の管理
注文 >	グローバルセリング
広告 >	商品紹介コンテンツ管理
ストア >	フルフィルメント by Amazon（FBA）

するとグローバルセリングの設定画面が表示されます。

▪ グローバルセリングの設定画面

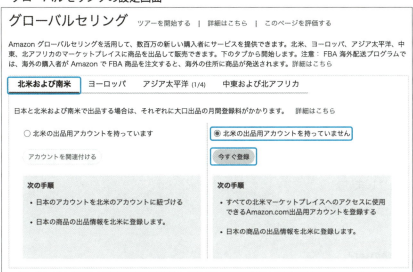

「北米および南米」を選択し、「北米の出品用アカウントを持っていません」を選択して「今すぐ登録」をクリックします。

再度サインインを求められたら、すでに出品している日本AmazonのセラーセントラルのEメールアドレスとパスワードを入力してください。

英語で質問がありますが、最下部で言語「日本語」を選択できます。

▪ 言語の切り替え

日本語表示になったら、いくつかの質問に答えていきます。

- 事業の登録地の選択

いくつかの質問に回答して開始する

1.事業の登録地はどこですか？
事業者でない場合は、居住国を入力してください。

日本

保存して次へ

2.どのような業種ですか？
前の手順を完了して回答してください。

　事業の登録地は「日本」をプルダウンから選択し、「保存して次へ」をクリックします。

　すると、業種の選択に進みます。

- 業種の選択

2.どのような業種ですか？
- ○ 国有企業（法人）
- ○ 上場民間企業（法人）
- ◉ 非上場民間企業（法人）
  上場していない企業として登録することを選択しました。
- ○ 慈善団体
- ○ 個人もしくは個人事業主

会社名（アルファベット表記）
事業登録書類に記載されている事業者名

保存して次へ

　業種は、国有企業（法人）、上場民間企業（法人）、非上場民間企業（法人）、慈善団体、個人もしくは個人事業主から選択します。今回は、非上場民間企業（法人）で進めます。

　会社名や個人名は英語で入力してください。

　入力したら「保存して次へ」をクリックします。

すると、確認メッセージが表示されます。

▪ 確認メッセージ

　会社の所在地と業種が正しいことを確認したらチェックを入れて、「同意して次へ」をクリックします。

　続いて、会社情報を入力していきます。

▪ 会社情報の入力画面

　ここでは法人名（英語表記）、法人名（日本語表記）、会社の登録番号、会社住所（登記している場合は登記簿上住所）を入力してください。会社の登録

番号は、登記簿謄本に記載されている13桁の番号になります。

会社住所は出品者プロフィールページに表示されます。

- 会社情報の入力画面（続き）

SMS認証か電話での認証が必要になるため、画像に表示された文字を入力し、携帯電話番号を登録します。携帯電話番号が例えば「090-1234-5678」の場合は「+81 90 1234 5678」と入力します。

すべて完了したら、「次へ」をクリックします。

続いて、運営責任者の情報を入力します。

▪ 運営責任者の情報の入力画面

　氏名（英語表記）、国籍、出生国、生年月日（日／月／年）、氏名（日本語表記）、身分証明書、発行国、パスポート番号（パスポートを選択した場合）、有効期限、住所を入力してください。

　氏名はパスポートまたは身分証明書に記載されている通りに入力してください。

▪ 運営責任者の情報の入力画面（続き）

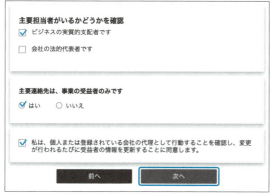

「主要担当者がいるかどうかを確認」は、「ビジネスの実質的支配者です」にチェックを入れてください。登録する本人が会社の法務担当者の場合は、「会社の法的代表者です」にチェックを入れてください。

「主要連絡先は、事業の受益者のみです」は「はい」を選択します。

「私は、個人または登録されている会社の代理として行動することを確認し、変更が行われるたびに受益者の情報を更新することに同意します」にチェックを入れて、「次へ」をクリックします。

次に、支払い情報です。

▪ 支払い情報の入力画面

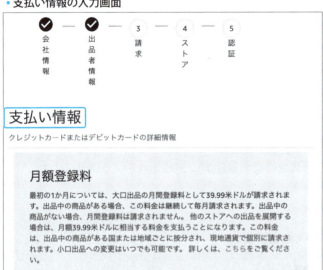

▪ 支払い情報の入力画面（続き）

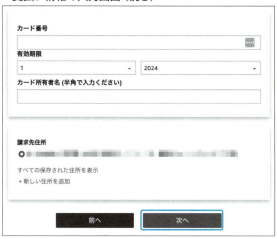

　クレジットカードまたはデビットカードの情報を入力します。JCBカードはエラーが発生することが多いため、他ブランドが推奨されています。

　なお、月額登録料は大口出品の月間登録料として39.99ドルが請求されます。

　クレジットカード情報を入力したら、「次へ」をクリックします。

　次に、ストアおよび商品情報を入力します。

▪ ストアおよび商品情報の入力画面

　ここではAmazon上で表示される店舗名を入力します。

　「UPC（Universal Product Code）が付いていますか？」は、すべての出品予定商品にJANコードを持っている場合「はい」を選択してください。

　「ブランドを所有していますか？」は、商標登録しているなど、出品予定商品のブランドオーナーである場合は「はい」を選択ください。

　入力したら、「次へ」をクリックします。

　すると、住所および本人確認に移ります。

▪ 住所および本人確認の画面

　会社情報、運営責任者の情報と入力した項目に間違いがないか確認してください。

▪ 住所および本人確認の画面（続き）

運営責任者の情報では、登録した代表者の写真付き証明書（パスポート、運転免許証など）をアップロードします。
　パスポートは顔写真のページ、その他証明書は両面をアップロードしてください。
　各種証明書では、過去180日以内に発行されたクレジットカード明細書、または海外銀行の取引明細書をアップロードしてください。海外銀行の取引明細書の場合は、ペイオニア発行の「Amazon提出用の明細書」を審査に出すと通過できる確率が高いです。こちらは、ペイオニアのトップページから、アカウントアクティビティを選択して、「Amazon提出用の明細書」からダウンロードしてください。

▪ペイオニア発行の「Amazon提出用の明細書」ダウンロード

　アップロードしたら、「次へ」をクリックします。
　「情報をご提供いただきありがとうございました」という画面になれば完了です。

▪ 完了画面

> ⓘ **情報をご提供いただきありがとうございました**
> 情報を受け取りました。詳細を確認するため、2営業日内にご連絡する場合があります。

　情報に問題がなければ、アメリカのAmazonの出品アカウントが作成されます。

　不備があれば2営業日内に連絡が来る場合があります。

　なお、アカウントの状態により、出品アカウント登録のフローは異なる場合もあります。中には、ビデオ審査が求められる場合もあります。

　AmazonアメリカのAmazonの出品アカウントが無事に作成されると、Amazon日本のセラーセントラル画面で、「アメリカ合衆国」が選択できるようになります。

▪ 国の選択メニュー

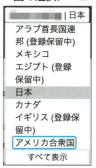

　選択すると、Amazonアメリカのセラーセントラルに移動できます（再度、ログインを求められる場合が多いです）。ショップ名の横に「アメリカ合衆国」と記載されていれば大丈夫です。

・国の選択メニュー（選択後）

![国の選択メニュー]

🛒 銀行口座情報を入力しよう

　前に説明したように、唯一日本と違うのは、海外の銀行口座が必要になる点です。セラーセントラルに赤文字が表示され、2つのアクションを求められます。銀行口座情報の入力と税金情報の入力です。

・アクションの要求表示

　アメリカで販売する上で大事なアクションですので、一つ一つ対応しましょう。

　まず銀行口座の未入力のアクションをクリックすると、受け取りの銀行口座情報を指定する画面になります。

■銀行口座情報の指定画面

Amazon.comの「登録」ボタンをクリックします。

次の画面では、ペイオニアの銀行口座情報を入力していきます。

■銀行口座情報の入力画面

銀行の所在地は「米国」のままで大丈夫です。

▪ 銀行口座情報の入力画面（続き）

銀行口座は、銀行によって発行されているか、ペイメントサービスプロバイダープログラムに参加しているプロバイダーによって管理されている
必要があります。 ⓘ

口座名義人の氏名 ⓘ

銀行口座の名義人名を半角カタカナで入力してください。

9桁の送金番号 ⓘ

9桁

銀行口座番号 ⓘ

銀行口座番号を再度入力してください

口座の種類
☐ デフォルトの口座
Amazon.comの現在デフォルト設定されている銀行口座情報は、この口座に置き換えられます。Amazon.comで獲得した資金は、この口座に入金されます。

Amazonは、詐欺行為、違法行為、不正行為から出品者を保護するために、出品者の銀行口座情報を検証する場合があります。検証する際は、
銀行口座情報および出品用アカウント情報を銀行またはペイメントサービスプロバイダーに送信したり、出品者の身元や銀行口座に関する情報を
ペイメントサービスプロバイダーから受け取ったりします。AmazonペイメントサービスプロバイダープログラムおよびAmazonによる個人情報
の管理方法について詳しくは、利用可能な銀行口座およびペイメントサービスプロバイダーおよびプライバシー規約をご覧ください。ペイメント
サービスプロバイダーが必須のKYC（Know Your Customer）およびその他のリスク管理コントロールを完了するまで、この銀行口座を銀行口
座情報として割り当てたり、この口座への支払いを受け取ったりすることはできません。

| キャンセル | 銀行口座情報を設定 |

名義人はローマ字で入力します。

9桁の送金番号は、ペイオニアのルーティングABAの数字です。

銀行口座番号を入力し、次の項目で再度入力します。

デフォルトの口座にチェックを入れます。

最後に「銀行口座情報を設定」をクリックしたら設定完了です。セラーの
メールアドレスに完了メールが来ますので確認してください。

なお、ペイオニアの口座番号を確認するには、トップ画面の左のタブから
「支払いを受け取る」をクリックし、「受け取り口座」をクリックします。

▪ペイオニアの「支払いを受け取る」画面

次に、USDをクリックすると詳細な情報がわかります。

▪ペイオニアの「受け取り口座」画面

🛒 税金情報の入力をしよう

次に税金情報を入力していきます。

セラーセントラルの税金情報未入力のアクションをクリックすると、税務プロファイルが開きます。

- 税務プロファイル

　要は日本に住んでいて、日本でビジネスをしていることがわかれば大丈夫です。
　納税区分を個人か法人を選択します。今回は「法人」を選択します。
　アメリカに居住していない場合は、「いいえ」を選択します。
　受益者の種類は「会社」を選択します。

- 税務プロファイル（続き）

税務上の身元情報

組織名

どの組織名を入力すればよいかについて知る ∨

みなし事業体の名前 (オプション)

組織の国

日本 ∨

どの組織の国を選択すべきかについて知る ∨

　税務上の身元情報は、会社名を英語で入力し、組織の国「日本」を選択します。

　次に、英語で住所を記載します。

- 税務プロファイル（続き）

現住所

本籍地について知る ∨

国

日本 ∨

住所1

番地

住所2 (オプション)

アパート名、部屋名、部署名、建物名、階数など

市区町村

市区町村

州/都道府県/地域 (オプション)

都道府県/州

郵便番号 (オプション)

郵送先の住所

郵送先住所について知る ∨

☑ 本籍地の住所と同じ

保存してプレビュー

すべて入力完了したら、「保存してプレビュー」をクリックします。
すると証明書が発行されます。

- 証明書画面

入力に間違いがなければ、署名をして日付を選択して「フォームを送信」をクリックします。

- 完了画面

検証済みと出れば完了です。

Amazonアメリカで販売しよう

Amazonアメリカで出品しよう

　出品方法は日本と変わりませんし、セラーセントラルは日本語で見ることができます。151ページの「Amazonマーケットプレイスに商品を出品しよう」を参照してください。また、新規商品ページを作成する場合は292ページを参照してください。

アメリカのAmazonに納品しよう

　アメリカのセラーセントラルでのFBA納品手続きも、日本とほとんど変わりませんので省略させていただきます。156ページの「FBAに納品しよう」を参照してください。

　私は海外メーカーから直接FBA納品しています。海外販売に慣れているメーカーなら、直接FBA納品をしてくれるでしょう。

　直接FBA納品が無理な場合は、間にBehappyという納品代行業者を使うといいでしょう。私はBehappyにはAmazonの返品商品を受け取ってもらったり、アメリカを拠点とした荷受け会社の役割をしてもらっています。私はBehappyを使っていますが、検索すれば、他にもアメリカを拠点とした同じようなサービスはあるはずです。

- Behappy

https://www.behappyusa.com/

🛒 アメリカAmazonにブランド登録を紐付けよう

　Amazon日本とAmazonアメリカアカウントをグローバルセリングで統合していても、ブランド登録はAmazonアメリカに自動的に紐づきません。Amazon日本ですでにブランド登録済みの場合、以下の手順で紐づけましょう。

　まず、Amazon日本のブランド登録アカウントにログインします。

- Amazon日本のブランド登録画面

設定からユーザー権限を選択します。

▪ 設定メニュー

「ブランドにユーザーを招待する」をクリックします。

▪ ユーザー権限の設定画面

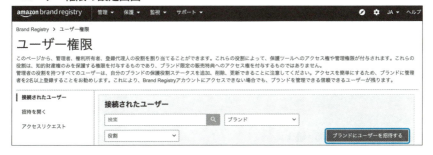

ブランドにユーザーを招待するためのフォームが表示されますので、入力していきます。

- **ユーザーの招待画面**

ブランドにユーザーを招待する

ユーザーの詳細を入力します。ユーザーが承諾した後は、いつでもユーザーのアクセス権
を変更し、別のブランドにユーザーを追加できます。

Eメール

お名前

言語

日本語

ブランド

こちらのユーザーにより招待が承諾されたら、「管理」ページで他のブランドへのアクセスを拡大でき
るようになります。

マーケットプレイス

このユーザーがサインインするのはどのBrand Registryドメインですか？（これにより、このマーケッ
トプレイス以外にもアクセス権が付与されます）

Amazon.com

Eメールには、USセラーアカウントと同じメールアドレスを入力します。

名前を入力し、言語は「日本語」を選択します。

Amazonアメリカに紐づけるブランドを選択します。

マーケットプレイスは「Amazon.com」を選択します。

- **ユーザーの招待画面（続き）**

役割

以下の役割は、知的財産権のみを保護する権限を付与するものであり、ブランド限定の出品特典へのア
クセス権を付与するものではありません。出品特典については、出品特典へのアクセスページを使用し
て、ご自身の出品用アカウントを割り当てるか、ブランド登録サポートに連絡して、別の出品者をブラ
ンドに招待してください。

☐ **管理者**
ユーザーアカウントに役割を割り当てるすべての権限を持つ個人

☐ **権利所有者**
権利所有者、または権利所有者の従業員で権利侵害を報告する権限を与えられた個人。

☐ **登録代理人**
権利所有者から権利侵害を報告する権限を与えられた第三者

このユーザーをブランドに招待する理由を入力してください 詳細はこちら

理由を選んでください

キャンセル　　招待メールを送信

役割にチェックを入れます。管理者はユーザーアカウントに役割を割り当てる権限を持つ個人、権利所有者は権利所有者または権利所有者の従業員で、侵害を報告する権限を与えられた個人、登録代理人は侵害を報告することを権利所有者から承認された第三者です。

▪ 招待する理由メニュー

さらに、招待する理由を選択します。

すべて入力が完了したら、「招待メールを送信」をクリックします。

するとメールが送られてくるので、承認をすれば完了です。実際にAmazonブランド登録で紐づけできているか、確認してみましょう。

Amazonアメリカのブランド登録アカウントにログインします。トップページの「保護と監視」で、登録ブランドが確認できます。

▪ Amazonアメリカのブランド登録画面

🛒 アメリカAmazonの需要の見方

Amazon日本で説明したkeepaは、世界中のAmazonで利用できるので、需要の見方も日本と同じです。詳しい説明は95ページから説明しているので割愛します。

- Amazonアメリカのkeepaのグラフ

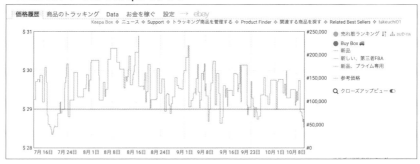

　また、私はAmazonアメリカではセラースプライトも使い、ASINやキーワードの検索ボリュームや販売個数を、需要の参考にしています。

- セラースプライト

https://www.sellersprite.com/

　これまで説明してきたように、私のノウハウは需要を見てから仕入れできる後出しジャンケンビジネスです。もっとも重要なのは、Amazon日本も同じですが、Amazonアメリカで需要がある商品をしっかり選んで、販売することになります。調べ方はAmazon日本と変わらないので、しっかりとAmazonアメリカでの需要も把握できるようになりましょう。

SECTION 4 アメリカでの独占販売権を獲得しよう

アメリカでの独占販売権を獲得するポイント

Amazonアメリカでの独占販売権は、Amazon日本で成功した実績を元に交渉するのがいいでしょう。

- 「Amazonアメリカは Amazon日本と仕様が同じなので、日本語でAmazonビジネスができる」
- 「だから、弊社に任せてもらえれば、Amazon日本と同じように、Amazonアメリカでも成功することができる」
- 「アメリカの市場は日本の5倍あると言われているので、弊社にアメリカ市場を任せてくれれば、日本の売上の5倍程度売れるだろう」

このように交渉すれば、Amazonアメリカのセラーが日本より販売数に伸び悩んでいる場合には、総代理店を変えてくれることもあります。そもそも、まだアメリカ市場で誰も販売していなければ、独占販売権の獲得は容易でしょう。

また、アメリカ市場全体の独占販売権がたとえ無理でも、Amazonアメリカ限定の独占販売権、3ヶ月の期間限定の独占販売権、2〜3セラーでの限定販売など、ハードルを下げると契約は決まりやすいでしょう。

Amazonアメリカで成功するには

私は何度か、Amazonとジェトロ主催のセミナーへ行って、Amazonアメリカ販売を学んできました。参加企業の前でプレゼンもしてきました。

他にも海外進出したい企業が20社くらいプレゼンをしていましたが、他

第8章 月収1000万円を目指すための4ステップ

445

の企業はあまり売れていませんでした。講義を受けて3ヶ月間頑張り、もっとも売れた企業でも、月に数個売るのが精一杯という感じでした。おそらく1〜2年しても大きな結果にはなりづらいだろうと感じました。

　アメリカで知名度のない、独自の中国OEMブランド、国内OEMブランド、国内メーカー商品などを、ゼロからアメリカで認知させて販促していくのは相当難しいことです。自慢ではないのですが、参加企業の中で私だけが圧倒的に売れていました。

　私はリリースしたばかりの新商品でも、Amazonアメリカで1商品で初月から月収300万円を達成できました。日本人でAmazonアメリカでここまで成果を出してる人は、私自身もあまり聞いたことがありません。

　なぜ、私だけがアメリカで成功できるかというと、それは長年Amazon日本で販売した経験値に基づく、私なりに考え抜いた独自ノウハウがあるからです。本書で説明してきたような、Amazon日本販売の単純転売→卸→メーカー仕入れ→日本独占販売権→アメリカ独占販売権というステップをしっかり踏み、日米独占販売権を獲得し、併売するという手法です。

　なので、海外販売は初心者がいきなりやることではありません。しかしノウハウ通りに、しっかりステップを踏んでやれば、アメリカAmazonでも効率良くドルを稼げて、収入が倍増するでしょう。

　海外で知名度のない自社ブランドをゼロからアメリカで認知させて販促していくのはかなりの労力と時間がかかることです。Amazonアメリカ販売をするなら、ぜひ本書のノウハウにそって実践し、稼いでいただきたいです。

　本書の通りにステップバイステップで進めていただき、日本だけでなく、世界市場で成功するグローバルな日本人が増えれば、これほど嬉しいことはありません。

COLUMN スイスで「世界の独占販売契約」をしました

2023年7月、スイスのチューリッヒで、取引先メーカーと新商品の商談をしてきました。メーカーの事務所で通訳を交えての商談&ディナーです。

このスイスメーカーとは、実にコロナ前の4年ぶりの商談でした。なので、この4年間を埋め合わせるように、お互いのことをたくさん話しました。

そして、この商談でなんと「世界の独占販売契約」が決まり、契約書にサインをしてきました。日本独占販売権はもちろん、Amazonアメリカ、Amazonイギリス、中国のTmall Global（天猫国際）など世界の主力市場での独占販売契約です。

通訳は1日で8万円程度しましたが、これでもスイスの物価だと安い方です。十分に費用対効果がありました。

その翌日は、メーカー社長とスイスアルプスのミューテン山（Grossen Mythen）を登山してきました。こちらも一生の想い出となりました。

最後はメーカー社長が空港まで車で送ってくれました。

海外販売は、40代になった私が今後、新たに挑戦しようと思っている独占販売権ビジネスになります。とても大きな可能性がありますので、本書でもしっかり解説させていただきました。

現在は交渉ノウハウも固まってきて、ほとんどの取引先メーカーと、日本だけでなく海外の独占契約もできています。今は円が弱いので、今後はドル、ユーロを稼ぐのがいいですね。

▪ スイスメーカーの事務所にて

第9章

お客様からの評価を
上げる3ステップ

　稼ぐことに集中しがちですが、一番大事なのはお客様だということ を忘れないでください。いくら稼げるようになっても、悪い評価がた まってしまい、Amazonのアカウント停止になってしまっては意味が ありません。

　ビジネスはお客様に価値を提供し、満足をしてもらうことで、初め て成立するものです。

　この章では、お客様から良い評価をもらう方法、悪い評価を消す方 法、商品が返品されてしまった場合の対処法を説明します。

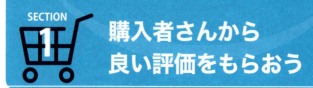

SECTION 1 購入者さんから良い評価をもらおう

良い評価は購入率アップに繋がる

　ショッピングカートは、顧客満足指数を高水準に保つことで獲得率が上がります。

　また、評価数が多く、評価率が高いと、セラー一覧ページから商品を選んで購入するお客様からも、購入してもらいやすくなります。

・出品者一覧ページ

評価率　評価数

　しかし、Amazonの評価というのは、お客様が積極的につけてくれるものではありません。購入されたお客様へは、Amazonが自動的に評価依頼メールを送信してくれるのですが、それだけでは評価がつく確率は低いです。

　なぜなら、Amazonはヤフオク!と違い、出品者とお客様が相互に評価を入れるシステムがないからです。お客様からセラーへ一方的に評価を入れるシステムになっていますので、わざわざ手間暇かけて評価をつけてくれる方は少ないのです。

しかも、一方的に評価を入れるだけですので、悪い評価もつきやすいのが現状です。

そこで、私たちからお客様へ評価依頼のメッセージを送ることで、「良い評価をもらう」「悪い評価をもらうのを防ぐ」働きかけが大事になってきます。

評価依頼のメッセージを送る手順は以下になります。

①セラーセントラルにログインし、「注文」タブから「注文管理」をクリックします。
②該当する注文の「購入者に連絡する」の「購入者名」をクリックします。
③メッセージを送信する画面に切り替わりますので、「送信するメッセージの選択」で「その他」を選択してメッセージを入力します。「送信」を押せば送信されます。

▪ メッセージを送信する画面

良い評価をもらい、悪い評価をもらうのを防ぐ手順

では、どのような内容のメッセージが良いかというと、以下の内容を記載するようにしてください。

①できるだけ簡潔にまとめる

　長い文面だと読まれない可能性があるので、簡潔にまとめてください。

②Amazonでは良い評価は4、5であることを伝える。

　Amazonで評価をつける習慣のある方はあまりいないので、評価基準がわかってない方が多いです。評価1で「大変素晴らしかったです！」というコメントをつけられてしまいかねませんし、特に問題がなかった場合でも評価3で「普通」という評価されてしまうこともあります。

　良い評価とは4、5であることをしっかり伝えてください。

　以上2点に気をつけ、次のようなメッセージを送ってください。

- **評価依頼メールの文面例**

○○様

Amazonにてご注文いただきました「●●（ショップ名）」の●●と申します。
この度は以下の商品をお買い上げいただき、誠にありがとうございます。

■ご注文内容はこちらです
○○○○

商品は無事に届きましたでしょうか？
商品が届いているようでしたらお手数だとは思いますが、
下記URLより「出品者を評価」にて到着のご連絡をいただけますと幸いです。
https://www.amazon.co.jp/hz/feedback

※Amazonでの評価基準について
とても良い：【5】
良い：【4】
普通：【3】
悪い：【2】
とても悪い【1】

気になることがございましたら、迅速に対応いたしますので、メールにてご一報をお願いいたします。

この度は当店をご利用いただきまして、本当にありがとうございました。
またのご利用を心よりお待ちしております。

●●（ショップ名）

なお、平日よりは土日にパソコンに向かってる方が多いので、土日にメールを送ると評価がつきやすい傾向にあります。

　ただし、評価をつけてもらえる確率は10%程度と思ってください。10人に連絡して1人から評価を入れてもらえる程度です。

　評価をつけてもらえないからといって、何度もメールを送ると、逆に迷惑に思われてしまいます。それが理由で悪い評価をつけられてしまう場合もありますのでご注意ください。

　評価依頼のメールは、1度にとどめておきましょう。

ショップの評価依頼、商品レビューを簡単にリクエストしよう

　ショップの評価依頼をする方法を説明しましたが、実は「ショップの評価依頼」「商品レビュー」を購入者さんへ、クリックするだけで簡単にリクエストする方法もあります。このリクエスト依頼のメッセージを送る手順は以下になります。

①「注文」タブから「注文管理」をクリックします。

②注文管理番号をクリックします。

③注文の詳細の右上にある「レビューをリクエストする」ボタンをクリックします。

④次の画面で「はい」をクリックします。

▪ 注文の詳細

▪ レビューのリクエスト

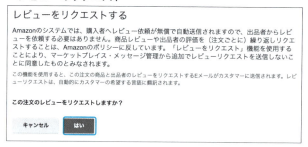

　注文のお届け日後5日から30日の期間で、注文1件につき一度この機能を使用して「商品レビュー」と「ショップの評価依頼」の両方を促すことができます。

　こちらから送る場合は、個別に繰り返し依頼メッセージを送るのは規約違反なので控えましょう。

評価依頼の自動ツールを活用しよう

　評価依頼のメールを1件1件、手作業で送るとかなりの手間がかかりますので、自動ツールを活用すると便利です。あらかじめメールの雛形を登録しておくと、お客様に自動送信されます。

　お勧めの自動ツールは以下の3つです。

●セラースプライト（https://www.sellersprite.com）

　Google Chromeの拡張機能にセラースプライトをインストールすると、一括レビューリクエストができます。わずか数クリックで完了できレビューリクエストをしたくないお客様を除外する機能もあるのでとても便利です。

●プライスター（https://lp.pricetar.com/lp/pricetarlp/）

　自動で評価依頼メールを送信してくれるサンクスメールの機能もありますし、価格の自動改定、利益管理を自動でやってくれる機能もあります。ユーザー数が多い総合管理ツールです。

●アマスタ（http://ama-sta.com/）

　サンクスメールの自動配信に特化したツールです。「ステップアップメール」という機能があり、最大3通までユーザーに自動でメールを送ることができます。月額1980円とプライスターより安いです。

SECTION 2 悪い評価を削除してもらおう

Amazonに削除してもらおう

　前述しましたが、Amazonは、お客さんからセラーへ一方的に評価を入れるシステムになっていますので、嫌がらせや悪い評価もつきやすいのが現状です。悪い評価をもらうと、顧客満足指数が下がり、ショッピングカートの獲得率にも影響します。

　そこで、ついた評価が以下の条件に当てはまる場合は、Amazonに削除してもらえます。

①コメントの中に一般的に卑猥もしくは下品であると考えられる言葉が含まれている場合
②コメントの中にEメールアドレス、名前や電話番号などの出品者の個人情報が含まれている場合
③コメントが商品レビューに始終する場合。ただし、商品レビューに加え、出品者が提供したサービスについて言及されている場合は削除の対象とならない。
④コメントの内容が、Amazonが提供するフルフィルメントおよびカスタマーサービスに特化したものである場合（フルフィルメント by Amazonのサービスを通じてAmazonから出荷した注文のコメントが、Amazonが提供するフルフィルメントおよびカスタマーサービスに特化していることが確認できた場合、この評価は削除されず、コメントに取り消し線が引かれ「この商品はAmazonにより発送されました。この発送作業についてはAmazonが責任を負います。」という注記が表示されます）。

　①と②はいうまでもないですが、私が比較的多いと感じるのは、③と④で

す。

　「商品が使いづらかった」「商品が思っていたのと違った」など、商品に対する不満のコメントならば、削除してもらえます。

　また、本書では、新品商品を扱い、FBAを使用することを前提に書いていますので、「外箱が潰れていた」「予定日に到着しなかった」など、FBA配送時に起こった可能性のあるコメントは削除してもらえます。

Amazonテクニカルサポートに連絡して削除してもらう手順

　このようなコメントが残された場合は、Amazonテクニカルサポートに連絡して削除してもらいましょう。まず、セラーセントラルの「パフォーマンス」タブの「評価管理」をクリックします。

▪ セラーセントラルの「パフォーマンス」タブ

　当該商品の右側にあるアクションから「削除を依頼」をクリックします。

▪ アクション

「受け取った評価は上記の基準を満たしていましたか？」の「はい」をクリックします。

▪ 基準の確認

> ℹ **Amazonは以下の条件にあてはまる場合のみフィードバックを削除します：**
>
> - 評価には、わいせつな言語が含まれています。
> - 評価に出品者特有の個人情報が含まれている。
> - 全体的な評価のコメントが、商品レビューである。
> - 評価の内容がAmazonから出荷した注文、またはカスタマーサービスに関するものである場合、削除の対象とします。
>
> **受け取った評価は上記の基準を満たしていましたか？**
>
> いいえ　　はい

承認されると、このメッセージが出ます。

▪ 承認メッセージ

> ✓ **Amazonにてこのフィードバックを確認したところ、当社のポリシーに準拠していないと判断されたため、削除しました。**
> ケースを表示

① 🛒 お客様に削除依頼をしよう

お客様に悪い評価をもらい、Amazonから削除してもらえない場合は、直接お客様に削除依頼をしましょう。457ページのアクションから「購入者に連絡する」を選択します。

その際には、こちらに非がある場合は、返金・返品対応をしたり、問題を解決する必要があります。きちんと真摯に対応をすれば、評価を削除してくれる方もいます。

お客様は、評価やコメントの書き込みをしてから60日以内であれば、削除することができますので、期間内に依頼するようにしてください。

なお、お客様に対して、評価の削除を強要することは、Amazonの規約違反になりますので注意してください。以下のように、しっかりとアフターフォローをし、お客様に納得していただけた場合のみ、依頼をするようにし

た方がいいでしょう。

▪削除依頼メールの文面例

○○様

この度はAmazonマーケットプレイス出品商品の中から当店をご利用いただき、
誠にありがとうございました。
しかし、お客様のご満足のいく商品をお送りできなくて大変申し訳ございませんでした。
また、評価でのご連絡ありがとうございました。
今後は○○様にご指摘いただいた点を改善して
より良い商品とサービスの提供していこうと反省している次第です。

ただ今、商品に関しては、返品返金対応をさせていただきました。
もし、今回の対応に対してご納得をいただけた場合は、
可能でございましたら、
評価の削除をしていただけましたら幸いでございます。

評価の削除方法につきましては、
アカウントサービスの「注文履歴」より削除いただけます。
「出品者の評価を確認する」をクリックし、
コメント横に表示されている「削除」のリンクよりお願いいたします。

不躾な申し出で、ご不快に思われるとは思いますが
ご検討いただければ幸いです。

もちろん、誠心誠意対応をしても、削除してもらえない場合もあります。

そういった場合は、アクションの「公開の返信を投稿」をクリックし、該当のコメントに返答をするようにしてください。返答コメントは、ウェブ上ですべての人が見ることができます。ここに真摯なコメントを残しておくことで、これから商品を購入するお客さんへ信頼感を与えることができるでしょう。

ピンチはチャンスと捉えて、ここで挽回しましょう。

459

SECTION 3 商品が返品されてしまった場合の対処法

返品、返金はAmazonがすべて代行してくれる

　FBAを利用すると、返品、返金はすべてAmazonが代行してくれます。
　基本的に、FBAの返品対応は以下のような流れで行われます。

①お客様がAmazon上から返品を申請
②お客様が商品をFBA倉庫に返送する
③Amazonが商品を受け取る
④Amazonがお客様へ返金する
⑤Amazonがセラーに報告する

　セラーには、商品名や注文番号、返金処理金額がメールで通知されます。また、「レポート」タブから「ペイメント」をクリックし、その中の「トランザクション」をクリックすると返品を確認することができます。
　返金金額は、売上金から自動でマイナス計上されます。
　メールには返品理由が書いていませんので、返品理由を知りたい場合は、「レポート」タブから「フルフィルメント」をクリックしてください。以下のページが表示されますので、「返品レポート」をクリックしてください。

- フルフィルメント

「レポート期間」を選択し、「レポートを生成」をクリックしてください（商品を特定したい場合は必要情報を入力してから「レポートを生成」をクリックしてください）。

- 返品レポート作成画面

「商品の状態」の欄で「販売可」と記載のあるものは、商品が新品状態で返品されたために、FBAで再度販売されることになります。

「不良品の返品商品」と記載のあるものは、新品として再度販売できないために、在庫管理画面で「販売不可」として計上されます。

「理由」の欄には、お客様が選択した返品理由が記載されます。ただし、こ

れではおおまかにしかわからないので、さらに詳しく知りたい場合はAmazonテクニカルサポートに聞くと丁寧に教えてくれます。

販売不可の商品を自宅に返送しよう

在庫管理画面で「販売不可」として計上された商品は、自宅に返送して商品の状態を確認する必要があります。

セラーセントラルの「在庫」タブから「FBA在庫管理」をクリックし、「販売不可/発送不可」をクリックすると、一番上に赤文字で販売不可の在庫が表示されます。

・販売不可の在庫

数字をクリックすると、メニューが表示されます。

・販売不可在庫のメニュー

「この商品」か「出荷・販売不可の全在庫」かを選んで「送信」をクリックします。

すると、次の画面になりますので、返送したい住所を入力します（「所有権の放棄」を選ぶと、Amazonが処分をしてくれます）。

入力したら、「販売不可の数量」に個数を入れ、「続ける」をクリックします。

- 住所入力画面

販売不可の数量を入力

依頼内容を確認し、よろしければ「内容を確定」ボタンをクリックしてください。

「正常に処理されました」という文言が出たら完了です。

- 依頼内容の確認画面

なお、FBA在庫の返送と所有権の放棄の手数料は以下になっています。

- 返送／所有権の放棄依頼手数料

サイズ	重量	手数料
小型、標準	0～200g	商品1点あたり30円
	201～500g	商品1点あたり45円
	501～1,000g	商品1点あたり60円
	1,001g～	商品1点あたり100円＋1,000g*を超えた分の1,000gにつき40円
大型および特大型	0～500g	商品1点あたり80円
	501～1,000g	商品1点あたり110円
	1,001～2,000g	商品1点あたり140円
	2,001～5,000g	商品1点あたり200円
	5,001～	商品1点あたり350円＋5,000g*を超えた分の1,000gにつき40円

上記の手数料には10%の消費税が含まれます

*手数料は、最初の1,000g（小型および標準サイズ）または5,000g（大型および特大サイズ）を超えて1g増加するごとに請求されます。たとえば、小型商品の重量が1,500gの場合、手数料は120円（100円＋40円÷1,000g×500g）になります。

※Amazonより引用

返送した商品はどうするか？

商品が返送されてきたら、まず商品の状態を確認しましょう。その後に、状況に合わせて以下のように行動します。

・仕入れ先に返品する
・Amazonで中古出品する
・ヤフオク!で出品する

商品に不具合があり、中古出品できない場合は、仕入れ先に返品しましょう。まず、仕入れたAmazon、eBay、ネットショップなどに問い合わせをします。

返送には郵便局のEMS（国際スピード郵便）がお勧めです。EMSは追跡があり、2〜4日で海外に到着します。特に返品期限がなく急いでいないという場合は、追跡なしですが、航空便、SAL便、船便を使うといいでしょう。

　ただし、海外に返送するのは手間がかかりますし、送料は負担してくれないケースが多いので、返送料で赤字になってしまいかねません（アメリカのAmazon本体から仕入れた場合は返送料を負担してもらえますし、同様にセラーによっては返送料を負担してくれる場合もあります）。

　それなので、それらの手間やリスクを考えると、商品に不具合がない限り、できるだけAmazonで中古出品することをお勧めします。

　Amazonでは商品のコンディションを「中古-ほぼ新品」「中古-非常に良い」「中古-可」「中古-良い」から選択することができます。また、販売価格を新品より低くし、「商品のコンディション説明」で状態をしっかり書くことで、需要さえあれば、商品を売ることができます。

　どうしてもAmazonで売れない場合は、最終的な在庫処分の販路としてヤフオク!出品を検討してください。ヤフオク!には「1円出品」という手段もあります。

COLUMN　PL保険に入ろう

製造、販売した商品が原因で、他人の生命や身体を害するような人身事故や、他人の財産を壊したりするような物損事故が発生した場合には、製造者、販売者が損害賠償責任を負わなければなりません。

この損害賠償金を補償してくれるのがPL保険です。

本来ならば、製造したメーカーが賠償するべきなのですが、日本においては輸入販売の場合、上記のような事故が発生した際に、すべての責任を輸入者が負う必要があります。

Amazon輸入をしっかりやっていき、事業規模も大きくなってきたら、PL保険は必ず入っておいた方がいいでしょう。保険料といっても、そんなには高額なものではありません。取り扱い商品のカテゴリーや年商、保険会社によっても保険料は変わりますが、年間数千円程度からでも加入できます。

検討する場合は、まずは最寄りの商工会議所に問い合わせをしてみましょう。

COLUMN　自分の子どもにも伝えたい、100年後も残るノウハウ

Amazon輸入ビジネスは、永続的に残ると思っています。なぜかというと、Amazonは右肩上がりで成長していて、輸入ビジネスも太古からあるからです。PPC、アフィリエイト、FX、仮想通貨など不確定なネットビジネスや投資ではなく、昔からある実業を、急成長している世界的なモールで行っているからです。

Amazon×輸入ビジネス＝一生続く、右肩上がりで伸びる、最強と捉えていいと思います。私が10年以上の間、毎年一年の半分以上は旅行し、50カ国も旅して、もう思い残すことがないくらいたくさんの楽しい想い出を作れたのは、この一生なくならない安心のビジネス基盤があるからです。

AIによって、様々な職業がなくなると言われていますが、本書のノウハウは、Amazonがあれば数百年後も、私が死んだ後も永続的に残り続けるでしょう。一生続く堅実なビジネスで起業したい方は、迷わずAmazon輸入ビジネスを実践していただければと思います。私が人生をかけて伝えるビジネスノウハウです。将来は自分の子どもにも継承したいと思っています。

おわりに

　いかがでしたでしょうか？

　本書をお読みいただき、Amazon輸入は、価値のあるモノを安く仕入れて、高く販売するだけの、超シンプルで堅実なビジネスなのがおわかりいただけたと思います。

　そして、ステップアップしていくと、「転売」は「貿易」に変わり、とても夢のあるビジネスになっていきます。

　「貿易」と聞くと少し難しそうに感じるかもしれませんが、私自身も始めた頃は何もわかりませんでしたので、ご安心いただければと思います。

　ニート・無職・引きこもりで、スウェット1着しか持っていなかったようなドン底状態の人間でもできたのです。こんな私にもできたのですから、あなたも勇気を持ってこの世界に飛び込んで来てほしいと思っています。

> 正しいノウハウ　×　行動　＝　結果

　学歴やキャリアというのは関係なく、これが現代の成功法則です。

　どんな経歴の人でも「正しい稼げるノウハウ」を得て、その通りに素直に「行動」し続ければ、「結果」が出せないはずがないと、私は本気で思っています。

　私がドン底から這い上がったように、Amazon輸入ビジネスは、「誰にでもチャンスがある！」ということを皆さんに伝えたくて、この本を書かせていただきました。

　本書の通りに実践すれば、私や私のクライアントのように、多くの方が、短期間で人生を劇変させることができると確信しています。

　私自身、このビジネスがあったからこそ、ドン底から夢のような人生へ大きく一変したという事実がありますので、ぜひあなたとも、この思いを分かち合いたいと思っています。

まともな社会生活もできず、生きる希望もなかった私でも、今では自分らしく働きながら、人間関係、お金に恵まれた理想の生き方ができています。

Amazon輸入をスタートしてから、たくさんの仲間ができて、その仲間たちと、50ヵ国以上へ旅行にいきました。

パソコン1台で、自分でビジネスをしてお金を稼ぐことにより、私の人生のすべてが変わりました。

私や、多くのクライアントにもできましたので、きっとあなたにもできると思います。

Amazon輸入ビジネスで、今の時代を一緒に駆け上がりましょう。

$$* \qquad * \qquad *$$

なお、本書のノウハウだけでも十分に稼ぐことはできますが、あなたの稼ぐスピードがさらに速くなるように、読者様限定で以下のプレゼントをご用意いたしました。

①実際に販売して利益を出した商品リスト「30商品」

私が実際に販売して利益を出した商品リスト30商品を紹介します。

このリストを見ることによって、どんな商品を扱えば儲かるのかイメージがつかめます。ぜひこのリストをきっかけにAmazon輸入のコツをつかんでいただきたく思います。

②9日間で80個売って12万円の利益を稼いだ商品

私が実際に販売して、9日間で80個売って12万円の利益を稼いだ商品を紹介します。

実際の仕入れ値、ランキング変動、注文画面なども公開しますので、「Amazonでこんなにものが売れるんだ」というイメージがつかめます。利益10万円を稼ぐイメージをつかむには最適のレポートになっています。

③季節商品を攻略する販促カレンダー

季節商品を攻略するために、「イベント」「売れる商品」について月ごとにまとめました。私がAmazon輸入ビジネスをやっていて、長年記し続けたもので、コンサル生限定で配布していたものです。

毎年、季節商品は決まっていて、毎年同じ時期に同じ商品が売れていきます。ぜひ参考にして、季節商品で大きく稼いでください。

④卸交渉の英文

この卸交渉の英文を海外セラー・海外ネットショップ・海外メーカーに送ることで、安定した利益を確保できるようになります。ぜひ卸交渉を活用して、月収200万円以上を目指しましょう。

⑤Amazonに提出して実際に真贋調査が通った実例文書

海外Amazon本体仕入れのケースで、Amazonに提出して実際に真贋調査が通った実例文書です。アカウントを守るためにも、この文書を参考にして、しっかり正しく対応するようにしましょう。

⑥本書には書けなかった出品申請を解除する裏技

154ページに記載の「メーカーまたは販売業者が発行した納品書または領収書」の提出が必要な場合で、出品制限を簡単に解除する裏技を教えます。これを使って出品制限を解除して、出品できる商品を積極的に増やしましょう。

⑦日本大手10大モールに販路拡大する方法（私の紹介で300商品まで無料）

私はAmazon、楽天市場、Yahoo!ショッピング、ポンパレモール、Qoo10、au PAYマーケット、Shopify、ZenPlus、メルカリShops、LINEギフトの計10

モールの販路で販売をしています。Amazonは自分で販売をしていますが、その他の上記9モールの販路は何もしなくても出品から受発注まですべて自動で行われています。そのツールをご紹介します。

　私の紹介なら300商品まで無料で10大モールに販路拡大できます。

⑧メーカー仕入れで月収30万円稼いだ「2商品」

　小規模な二流・三流メーカー、ニッチなメーカーというイメージがわかない方もいると思いますので、私が実際に取引して月収30万円を稼いだメーカー2社を公開します。商品リサーチの参考にしていただければと思います。

⑨独占販売契約して月収68万円稼いだ商品

　私が実際に独占販売契約して、月収68万円稼いだ商品を紹介します。契約時のメール文面も掲載します。

　こういうニッチな商品のメーカーと独占販売契約すればいいのかと、イメージを膨らませていただければと思います。

⑩独占販売権の契約書

　私が実際に使っている海外メーカーとの独占販売権の契約書を差し上げます。

　私がAmazon輸入ビジネスで年収1億円を稼ぎ続けているのはこの契約書のおかげです。契約書を自分で作成する必要がある場合には、このテンプレートを参考にしてください。

　特典の入手方法は、簡単です。

①http://takeuchi01.com/book03/ へアクセスしてください。

または、下のQRコードを読み取ってください。

②メールアドレス、電話番号を入力して送信してください。

③ご登録メールアドレス宛に特典をお送りいたします。

　それでは、最後の最後まで本を読んでいただき、どうもありがとうございました。心より感謝いたします。

　あなたと実際にお会いできることを心より楽しみにしております。

2025年1月

竹内亮介

■プロフィール

竹内　亮介（たけうち　りょうすけ）

◎ 1983年、千葉県に生まれる。立命館大学産業社会学部卒業。一般社団法人日本物販ビジネス協会代表理事。

◎ 2012年、資金ゼロ、人脈ナシ、まったくの未経験からAmazon輸入ビジネスをスタートし、1年後に月収100万円、2年後に月収200万円を稼げるようになる。2014年、事業拡大のため貿易業を手掛ける法人を設立。

◎ Amazon輸入の第一人者として、個人コンサルティングや国際バイヤーズカレッジ（IBC）というコミュニティでノウハウを教え、月収100万円以上が200名以上、月収1000万円以上が20名以上と、稼げるクライアントを多数輩出。「クライアント全員が稼げるようになる」と非常に定評がある。さらに、読者数9万人（購読者数・輸入ビジネス日本一）のメールマガジンを配信し、その独自ノウハウで業界から注目を浴びている。

◎ 現在は、パソコン1台で世界中どこに行っても仕事ができる生活スタイルを確立。年収1億円、預貯金1億円以上、50ヶ国以上の旅行、ベストセラー出版など、多くの夢をかなえている。

- 連絡先メールアドレス　info@takeuchi01.com
- ブログ　http://takeuchi01.com
- Facebook　http://www.facebook.com/takeuchi01
- LINE@　「@takeuchi02」でID検索（@をお忘れなく）
- Twitter　https://twitter.com/takeuchiryosuke

決定版 一生使える Amazon輸入ビジネス大全

発行日　2025年 2月24日　第1版第1刷

著　者　竹内　亮介

発行者　斉藤　和邦

発行所　株式会社　秀和システム
〒135-0016
東京都江東区東陽2-4-2　新宮ビル2F
Tel 03-6264-3105（販売）　Fax 03-6264-3094

印刷所　三松堂印刷株式会社　　Printed in Japan

ISBN978-4-7980-7452-8 C3055

定価はカバーに表示してあります。
乱丁本・落丁本はお取りかえいたします。
本書に関するご質問については、ご質問の内容と住所、氏名、電話番号を明記のうえ、当社編集部宛FAXまたは書面にてお送りください。お電話によるご質問は受け付けておりませんのであらかじめご了承ください。